SHOULDERS
OF GIANTS
巨人的肩膀

U0304489

巨人的肩膀

The Crayfish : An Introduction to the Study of Zoology

小龙虾传：动物学研究入门

［英］托马斯·亨利·赫胥黎◎著

风 君◎译

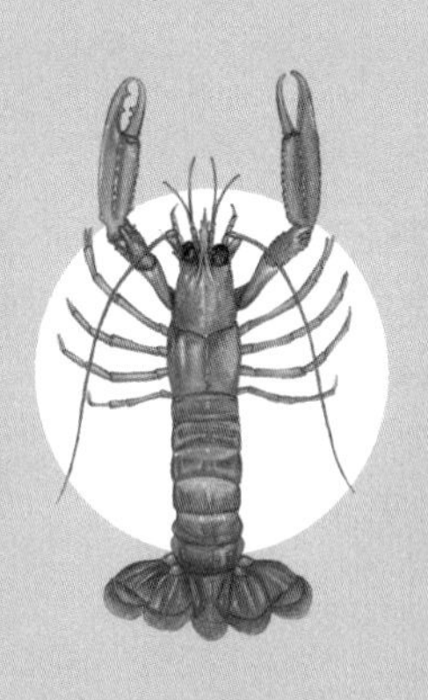

江苏凤凰科学技术出版社

·南京·

图书在版编目（CIP）数据

小龙虾传：动物学研究入门 /（英）托马斯·亨利·赫胥黎著；风君译 . — 南京：江苏凤凰科学技术出版社，2021.5

（巨人的肩膀）

ISBN 978-7-5713-1643-3

Ⅰ. ①小… Ⅱ. ①托… ②风… Ⅲ. ①动物学—普及读物 Ⅳ. ① Q95-49

中国版本图书馆 CIP 数据核字（2020）第 262266 号

小龙虾传：动物学研究入门

著　　者　[英] 托马斯·亨利·赫胥黎
译　　者　风　君
责任编辑　吴梦琪
责任校对　仲　敏
责任监制　周雅婷

出版发行　江苏凤凰科学技术出版社
出版社地址　南京市湖南路 1 号 A 座，邮编：210009
出版社网址　http://www.pspress.cn
印　　刷　溧阳市金宇包装印刷有限公司

开　　本　889mm × 1240mm　1/32
印　　张　9
字　　数　172 000
版　　次　2021 年 5 月第 1 版
印　　次　2021 年 5 月第 1 次印刷

标准书号　ISBN 978-7-5713-1643-3
定　　价　84.00 元

“巨人的肩膀”丛书

出版前言

正如艾萨克·牛顿（Isaac Newton）曾在信中对罗伯特·胡克（Robert Hooke）所说，“如果我看得更远些，那是因为站在巨人的肩膀上。”（"If I have seen further it is by standing on the shoulders of Giants."）我们通过出版19、20世纪近代科学革命中的先驱者、创始人和代表人物的著作，以期将现代文明赖以发展的重要科学方法、理论和思想，作为新的“巨人的肩膀”，向公众普及。丛书借由各个学科大师的经典论述展现了近代科学革命的重大论题，帮助大众读者和科学爱好者了解当时的巨擘们所承担的历史使命，感受一百多年前“巨人的肩膀”的坚实与高大。当然，我们同样期望在推动兴趣读物的大众普及之余，也能以原汁原味的科学经典，为当前科学从业人员的理论研究与思想探索带来一定的启发。

当今时代与数百年前一样，依然是科学的时代，是信息技术逐渐成熟，向着未来技术过渡的时代。然而，相比19世纪末、20世纪初轰轰烈烈的科学革命（以相对论、量子力学取代经典物理学为代表），可以说我们的时代在科学理论上已经进入了美国科学哲学家伯纳德·科恩所说的“常态科学”（normal science）阶段：基础理论虽仍在进步（比如堪称日新月异的凝聚态物理和量子信息理论），但最基本的科学理论范式并没有再发生颠覆性的变革，至今局限于相对论、量子力学和两者结合下产生的量子场论。

审视历史，方能看到未来。为此，“巨人的肩膀”丛书的每一辑都将包括相对论和量子力学的著作各一本，或是直接的物理学讨论，或是背后的思想性论述，与读者一起重温现代物理学两大支柱刚刚树立之时紧张而热烈的思想环境和精彩而曲折的探索历程。除此之外，我们也会从生物学、计算科学、心理学、科学史、科学哲学等学科各具开创性的著作中，遴选适当书目，以多个学科组成丛书的每一辑，从多角度拼出科学变革的整体图景。

我们深知，翻译和整理不同科学门类的代表人物（尤其是理论范式开创者们）的著作是一项难度很高的工作，能力所限，难免有不足之处，还望方家不吝指正！

序　言

我之所以写这本关于螯虾[1]的书，本意并不是要为这类动物编撰什么动物学专著。这样一项任务，若想要做到实至名归，那就少不得从全球各地收集大量素材，还得对这些素材进行经年累月的潜心研究，这对我来说无疑太过艰巨。同样，我也并没有专为英国螯虾著书立说的抱负。若真这样做了，就免不了要被读者拿去和里昂、博亚努斯或是施特劳斯·杜克海姆等前辈的卓越工作，比如他们对柳毛虫、乌龟和金龟子的观察研究比较一番，这也绝非我的本意。我考虑的其实是一个小得多的目标，不过这个小目标对科学的当前发展阶段来说，说不定可能更有用。我所希望做的是向读者展示一种认识途径，也就是说，对一种最普通、最不起眼的小动物所做的细致研究，是怎样引导我们从简单常识出发，进而一步步深入，直达动物学乃至普通生物学的最精炼的概括和最奥妙的难题的。

正因为如此，我才把本书定名为《小龙虾传：动物学研究入门》。对于任何翻开本书的读者，如果他手头恰好也有一只螯虾，那他就必定会去亲自把书中的种种描述和事实对照一番，并由此直面那些至今仍能激发人们对动物学浓厚兴趣的精彩问题；他也会因此明白，为得到这些问题的满意答案，我们唯一可寄予厚望的手段便是科学，并由衷感叹狄德罗的那句断言——“要掌握事物的原理，你要么擅长艺术，要么精通科学”，确实所言不虚。

当然，在这个验证过程中，这部作品本身也许会暴露出许多缺点与错漏，但不管怎样，身为学习者都可从中获益良多。诚如勒泽尔·冯·罗森霍夫所言：“即使是多数人眼中平平无奇的低等生物如螯虾，也一样满含大自然的奇迹，足以让最伟大的博物学家也困惑不已，难以尽解。”不过，真正重要的是个案中包含的广义事实，就这方面而言，我还是冒昧希望自己在陈述这些问题时没有犯下任何错误。至于细节方面，只能说有时候错漏也在所难免，何况新的研究方法也会带来全新的启迪，而随着我们知识范围的日益拓宽，视野愈发广阔，自会有新的叙述模式不断涌现。

我真诚地希望这种知识的增补和修正来得越快越好，且多多益善，如果我这本小书及书中素描能起到一些抛砖引玉的作用，让全世界的观察者们能够对螯虾多一点关注，于愿足矣。俗话说得好，“一人拾柴火不旺，众人拾柴火焰高”，对这类动物发展历史的补充，有助于夯实整个生物科学的地基。

T.H. 赫胥黎

1879 年 11 月于伦敦

---

[1] 螯虾，也称为淡水龙虾，即俗称的小龙虾。

小龙虾传 | 目录

动物学研究入门 | CONTENTS

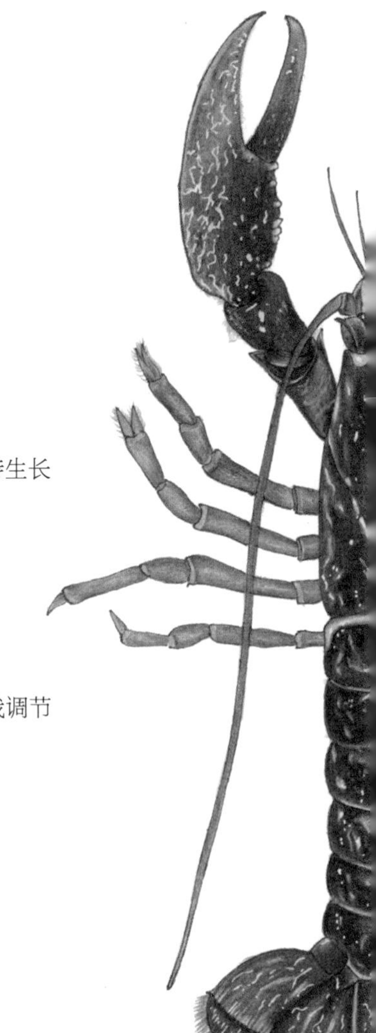

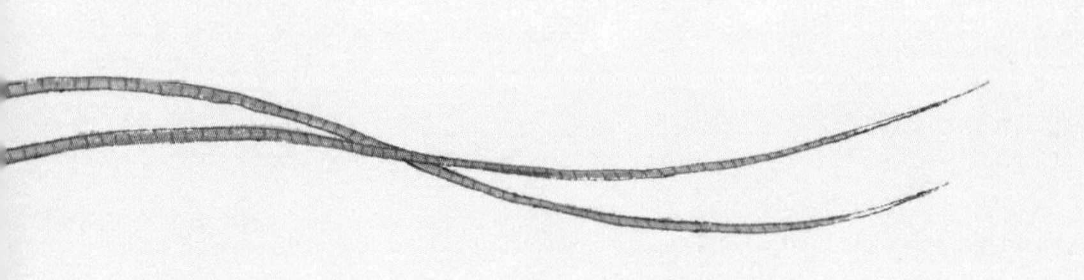

第一章

常见螯虾的博物学

许多人似乎抱有这样一种观念：什么事物只要被冠以“科学”之名，就会与我们的日常见识大不相同，而且揭示科学真理的方法所包含的心智活动更具有一种玄奥难解的神秘气质，只有初创者才能真正理解。这种心智活动，不管是其性质还是主旨，都和我们日常生活中用以区分事实真假的常规思维过程截然不同。

不过，任何人只要聚精会神地去观察事物，很快就会认识到，这种观念，这种坚信科学领域与我们的常识彼此完全隔离，那些帮助科学研究者发现伟大成果的研究模式，与我们日常生活中出于最普通目的用到的思考方式也完全不是一码事的想法，其实并没有什么确凿根据。常识只要符合它自身的典范，它就是科学。这句话是什么意思呢？要不带任何偏见地看待事物的本来面目，并基于合理的判断对这些事实加以推理。科学也不过是臻至最佳的常识而已。对科学来说，观察务必严谨、精确，逻辑谬误务必严格剔除。

但凡有人想对此类严谨科学结论的有效性提出质疑，那他的怀疑主义怕是用错了对象。因为可以肯定的是，那些人们在日常生活中完全仰仗常识所做出的决策，几乎没有哪个能像科学的普遍真理那样，可以借助常识原则来充分证明自己的正当性。

我们如果对某一事件的性质加以适当考虑，就可得出结论。要验证这一结论，则有待历史方面的调研。但如果我们对每一门科学的历史都追根溯源一番，就会发现其最初形式也不过是所有人所共有的信息。

在最早期的发展阶段中，知识是自我发生的。无论人们是否愿意，他们的感官都会被强行加诸各种印象，且往往违背他们本身的意愿。这些印象会唤起人们的兴趣，这兴趣是多是少，要看印象中承载的更为原始的痛苦与快乐达到什么程度，抑或看人们有没有一点好奇心。我们的理性只会处理那些兴趣提供给它的素材并从中得出常识，别无其他。这类常识与其说是苦苦寻来的，不如说是信手得来的，其推论过程也不过是一种盲目的智力本能在起作用罢了。

只有当我们的心智超越了这一懵懂状态，才开始演化出科学。当单纯的好奇心逐渐演变为对知识的热爱，而追求圆满和精确之美感，以满足自身审美意识的冲动也压过了无知带来的惰性时；当发现事物的起因成为快乐的源泉，而那些善于发现此道者开始乐在其中的时候，那么自然的常识便发展成了我们前辈们所称的博物学。从博物学再向前一步，就进入了知识的最终阶段，它曾被称为自然哲学，如今呢，就叫作自然科学。

在这个阶段，自然现象被看成是一串因果的连环链条；科学的终极目标，就是去探寻这串链条，从距离我们最近的这端，穷尽到我们的研究方法所及的最远彼端。

自然规律的当下呈现，它的过去样貌及将来演变，都是科学探索的目标；超过这一边界的，便不在科学范畴之中。不过，哲学家也不必因其认知领域所受局限而感到绝望。相对于人的心智，自然是无限的。它无处不在，无远弗届，却又深不可测。

生物科学所呈现的是关于已经被人们揭示的生物领域的众多真理。由于生物分为动物和植物两大类，因此生物学为方便起见，也划分出两大分支：动物学和植物学。

和所有科学一样，生物学的各个分支也都经历了三个发展阶段。如今，不同人所认知的生物学也处于不同阶段。每个乡村孩童都会或多或少掌握一些自己所注意到的动植物情况，他们的生物学处于常识阶段；许多人已经基本习得了比较准确的生物学知识，只不过这些知识还不完整，且缺乏条理，这可以被视为博物学阶段；少数人则已达到了纯粹的科学阶段，作为动物学家和植物学家，他们致力于把生物学作为自然科学的分支加以不断完善。

从历史角度看，代表常识的是古代文学中记载的那些动植物典故；博物学多少已经沾上了生物学的边，堪称代表的就是亚里士多德和他在中世纪的继承者，比如朗德勒[1]、阿尔德罗万迪[2]，还有他们的同时代人和后继者们留下的作品。但是，试图构建完整生物学框架的努力，却要晚到19世纪初的特雷维拉努斯[3]和拉马克[4]等人才初见端倪；而到了我们的时代，达尔文[5]终于发出了生物学的最强音。

我当前工作的目的是以具体的例子去证明关于动物学发展的普遍真理，因为普遍真理也需要对特例的研究来加以阐明。为此，我选择了一种动物，也就是常见螯虾，因为总的来说，它比其他任何动物都更能符合我的需求。

这种动物随手可得[6]，其所有身体构造要点也易于阐释。因此，阅读本文的读者也不难确定书中陈述是否与事实相符。如果我的读者还没准备好进行一次颇费心力的阅读之旅，他们大可以合上书本，正如哈维[7]所断言的：如果一个人在阅读时不能凭借自身理性对所读到的事物有明确认识，他就不会获得真正的知识，而只是沉浸在幻觉和谬论中罢了。

众所周知，在河流小溪中栖息着一种为数众多的小动物，它们仅有三四英寸[8]长，长得好像缩小版的龙虾，只不过颜色通常是有点暗淡的棕绿色，一般在身体下侧变为浅黄色，有时候肢体则带点红色。极个别情况下，它们也会呈现红色或青色的整体色调。这就是我们俗称为“小龙虾”，也就是“螯虾”的生物，在淡水里，恐怕没什么其他生物能和它们搞混了。[9]

我们会观察到这种小动物在浅水底部用四对多节构成的足悠然而行（图 1-1，14）。一旦受到惊吓，它们就会借助身体后端一片大扇子一样的鳍状肢（图 1-1，10、11）的摆动，迅速向后倒游。在用于行走的四对足前方，还有一对外表壮观得多的足肢，肢末端有两个大螯，合起来像一个有力的大钳子（图 1-1，13）。这对螯钳是螯虾用于攻防的主要武器，如果有人在抓螯虾时不小心被钳到，就一定会留下深刻教训，因为被它钳一下可不是闹着玩的。一块盾状的甲片覆盖了螯虾身体前部，并在正前方中间位置向前凸出，形成一条锋利的额剑（图 1–1，4）。在额剑两侧的是螯虾的眼睛，眼睛位于可动的柄上（图 1–1，1），可以向任意方向旋转。在眼睛下面的是两对大触角，其中一对的每条末端分成两条较短的分节细须（图 1–1，2）；而另一对则分出单条像绳鞭一样的多节细须，长度超过螯虾体长的一半（图 1–1，3）。这对长长的大触角时而向后弯折，时而向前扫动，不断探索着螯虾身体周围的一大片区域。

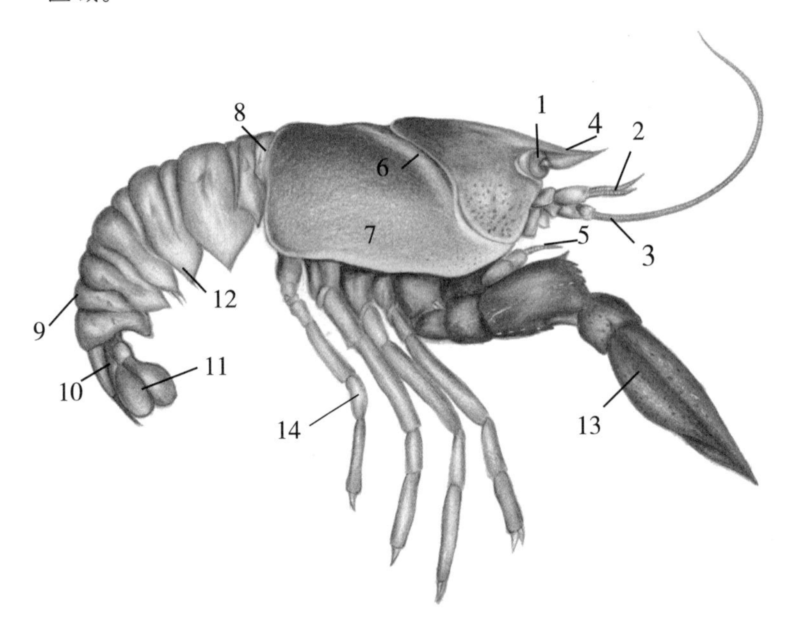

图 1–1 常见雄性螯虾侧面视图

1. 眼柄；2. 小触角；3. 大触角；4. 额剑；5. 外颚足；6. 颈沟；7. 鳃盖；8. 首节腹部体节；9. 末节腹部体节；10. 尾节；11. 尾鳍侧叶；12. 第三腹部附属器；13. 螯钳；14. 末对步足。

如果有一群差不多大小的螯虾可供对比，你会很容易发现它们能分成两组。其中一种螯虾的多节尾部比另一种显得更宽，中间部位尤其如此（图 1–2）。尾巴较宽的一种属于雌性，而另一种自然就是雄性了。雄性螯虾还有一个更容易辨认的特征：在它们尾部前两节环的下方附有 4 支弯曲的小管，这些小管向前弯折到身体下方，位于胸后部几对足肢中间。但雌性的相应位置只有一些软质的细须。

在英国，并不是每条河流都有螯虾栖息，且即使在那些以盛产螯虾而闻名的地方，也不是一年中任何时候都能在河里发现它们的踪迹。在花岗岩地区以及其他水系流经土壤后产生石灰质含量甚微，甚至完全不含石灰质的地方，就没有螯虾生存。这种动物无法忍受高热和阳光曝晒，因此在夜间最为活跃。到了白天，它们就藏身于岩石与河岸的阴影之下。据观察，相比南北流向的河流，螯虾更多出没于东西流向的河流中，这是由于后一种河流在正午阳光下往往有更多阴影可供其躲藏。

到了深冬时节，小河里就很难看到螯虾了，但在河岸上，在那些天然的裂隙和螯虾们自己挖出的洞穴中，仍能发现不少它们的影踪。这些洞穴的深度从几英寸到一码（1 码≈ 0.91m）多不等，我们可以注意到，如果河水趋向结冰，这些洞穴就会离水面更深，延伸更远。在螯虾栖息的河流所流经区域，如果土壤软质多泥，螯虾就会在各个方向打洞。它们会挖出数以千计、大小不一的孔洞，有些甚至会离开河岸一大段距离。

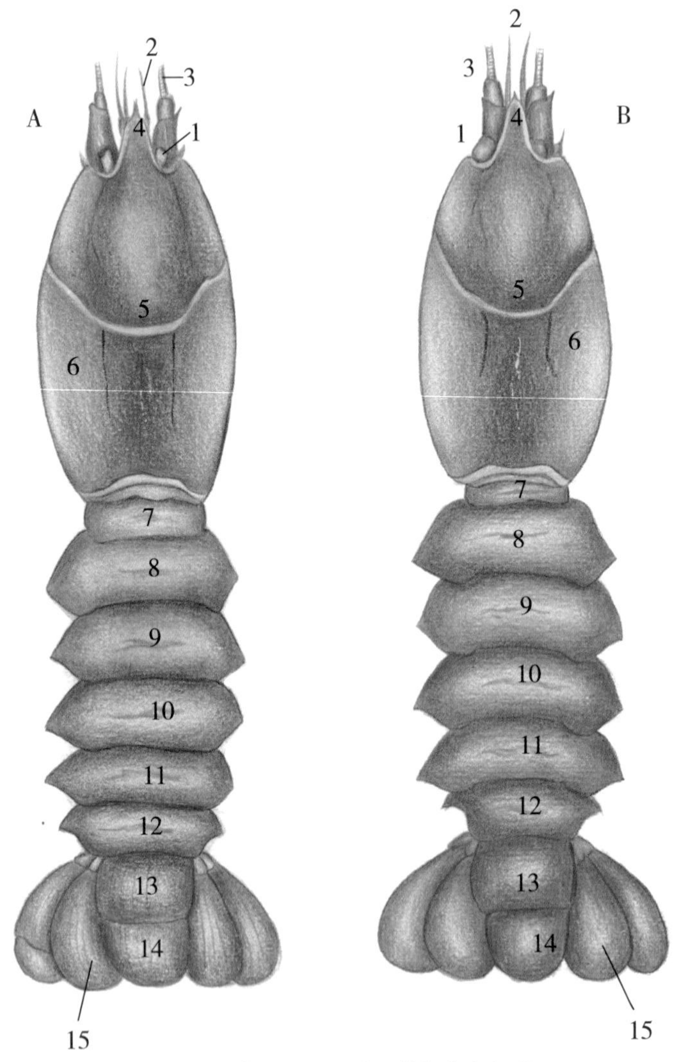

图 1-2　常见雄性及雌性螯虾背部视图

A. 雄性；B. 雌性。

1. 眼柄；2. 小触角；3. 大触角；4. 额剑；5. 颈沟；6. 心鳃沟，划出围心腔与鳃腔的分界；7~12. 腹部体节；13、14. 尾节的两个分段；15. 尾鳍侧叶。

螯虾似乎并不会在冬天进入不活跃的状态，也不进行严格字面意义上的“冬眠”。不管什么时候，只要天气晴朗，螯虾就会盘踞在洞口，用它的一对大钳子堵住洞口，并伸出大触角，小心翼翼地注视着过往的各色生物，并伺机而动。无论是昆虫幼虫、水蜗牛，还是蝌蚪或青蛙，只要进入螯虾可触及的范围，就会遭到突然袭击，被一举捕获并吞食，甚至有时连水鼠都可能遭遇同样的悲惨命运。一只小老鼠可能正在寻找某只落单的螯虾，这可是它非常喜欢的美味。然而，它实在过于接近螯虾的致命巢穴了，结果自己反被抓住，动弹不得直到窒息而死。于是它想象之中的美餐反而成了断送自己性命的猎手。

事实上，螯虾对食物毫不挑剔：无论是死是活，是新鲜还是腐烂，是动物还是植物，它都一概笑纳。像是轮藻属（*Chara*）之类富含石灰质的植物是最受螯虾青睐的；同样受欢迎的还有各种多汁的肉质根，比如胡萝卜。据说螯虾有时候还会在陆地上做短途巡游，以寻找植物类食物。若是遇上蜗牛则将其身体连同外壳整个吞下。其他螯虾蜕下的外壳也一样可以成为其生长所必需的石灰质的来源，甚至连那些防备不足或身体虚弱的同族，也一样会成为螯虾的捕猎对象，难以幸免。事实上，螯虾在最恶劣的情况下会同类相食。正如一位法国观察者语带悲哀地指出，某些情况下，雄性螯虾“误解了神圣的职责”，它们并不满足于像那些更为伪善的高等动物那样仅仅残害自己的配偶，更堕落到最低等的实用主义卑劣行径中。

不过，在隆冬时节，即使是最机灵、警觉的螯虾也很难找到足够的食物。因此，当它们在春天的第一个温暖日子——通常在3月里，从藏身之处爬出来时，基本处于比较虚弱的身体状况。

也是在这时，雌性螯虾会抱卵，会有一两百颗卵附着在其尾部下方，看上去像是一大串小浆果（图1–3，B）。到了五六月，这些卵就会孵化出螯虾的幼体。这些稚虾有时会依附在母亲的尾部下方，并在她的庇护下度过自己降生后的数天时间。

在英国，螯虾作为一种食材并不太受待见。不过，在欧洲大陆，尤其是法国，食客们对螯虾的需求量相当大。仅仅是巴黎的两百万居民，每年就要消费五六百万只螯虾，并为此花销数万英镑。法国河流的螯虾的自然产量长期以来都无法满足这些饕餮之徒的口腹之欲，因此，该国不但从德国及其他地方大量进口螯虾，而且还尝试进行大规模的螯虾人工养殖，并获得了很大的成功。

捕捉螯虾的方式多种多样：有时候捕虾者只是一边涉水而过，一边把见到的螯虾从洞穴里拽出来；更常见的情况，是当人们发现螯虾会被诱饵吸引时，就会以青蛙为饵装进圈网沉到水里，然后快速拉出来；或者可以晚上在岸边生火，螯虾也会如飞蛾扑火一样，被这种罕见的光源吸引过来，纷纷落入捕虾者的手中或网中。

到目前为止，我们在上面提及的关于螯虾的信息，与那些和螯虾打交道的捕虾者，或是住在以螯虾为日常食物的地区的居民所掌握的并无二致。这些都还是常识范畴。那么现在，就让我们对这种动物的认识水平再稍稍深入一步，以达到博物学的境界，就好像布封[10]碰到这种情况会做的那样。

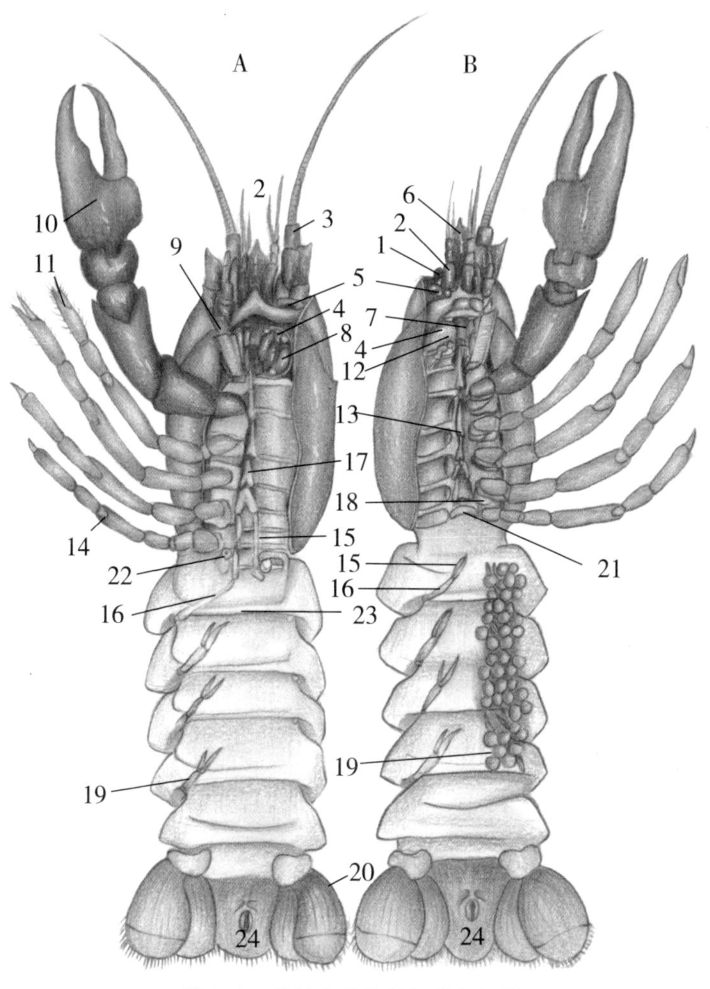

图 1-3　雄性及雌性螯虾腹部视图

A. 雄性；B. 雌性。

1. 眼柄；2. 小触角；3. 大触角；4. 下颚；5. 绿腺开口；6. 额剑；7. 上唇；8. 第二颚肢；9. 第三或外侧颚肢；10. 螯钳；11. 首条足；12. 后唇或下唇；13、17、21. 第四、第五和第八胸部体节腹板；14. 第四条足；15、16、19、20. 第一、第二、第五和第六腹部附属器；18. 输卵管开孔；22. 输精管开孔；23. 第二腹部体节腹板；24. 肛门。

有一种研究方式，严格说来并不属于自然科学范畴，可却在博物学的发端阶段自然而然地出现了，对此我们也需要稍稍提及一下。

我们所关注的动物有两个名称，一个是常用名，如Crayfish（螯虾），另一个则是学名，比如*Astacus fluviatilis*。它怎么会有这两个名称？为什么既然已经有了一个通用英文名，博物学家还要挖空心思用另一种异国语言来为它命名呢？

如果我们对这个通用名“Crayfish”追根溯源一番的话，会发现其涉及一些词源学甚至历史方面的有趣问题。人们很容易会以为“cray”这个词有其自己的意义，是对实体性后缀“fish”（鱼）的描述，就好像“jellyfish”（水母）中的“jelly”（果冻、胶状物）或是“codfish”（鳕鱼）中的“cod”一样。但事实并非如此。古英语中，螯虾这个词的写法是“crevis”或“crevice”，而“cray”只不过是“cre”这个音节的音标拼写而已，因为“e”在以前是除了我们英国人以外都发成元音的，现在我们也这样发音了。“fish”则是“vis”在流变过程中一个微小的修改，因为“鱼”的意思更符合我们对这种水生生物的认知。

现在来看，“crevis”一词显然有两种可能来源。它要么是法语中“écrevisse”一词的流变，要么是从低地荷兰语中“crevik”一词变化而来，这两个词在自身语言中都是螯虾的含义。我们通常采信前一种词源，如果这确凿无误，那么“crayfish”就该份属“mutton”（羊肉）、

“beef”（牛肉）和“pork”（猪肉）一类，均由法语同义词而来，是诺曼人为称呼他们在英国遇到的同类事物而引入的。

另一方面，如果“crevik”来源于我们自身的语系，那可能直接来自我们不同祖先中盎格鲁–撒克逊人一系。

至于其学名 ἀστακός，即 *astakos* 的来源，则是希腊人对龙虾的称谓。这个名称通过亚里士多德的作品流传到了我们手中，不过，他本人貌似并未对螯虾有过什么特别关注。到了文艺复兴时期，早期的博物学家们注意到了龙虾和螯虾之间存在的密切相似性。只不过前者生活在海水中，后者则在淡水中，所以他们以拉丁文 *Astacus fluviatilis* 命名螯虾，意思就是“河里的龙虾”，以区分这两者。这种命名法就此保留下来。直到大约45年前，一位杰出的法国博物学家米尔恩·爱德华兹[11]指出，龙虾和螯虾之间的差异要比我们原先设想的大得多，所以最好在两者所用名称中就显示出这种差别。于是他把 *Astacus* 这个名字留给了螯虾，并提出把龙虾的学名改为 *Homarus*，这个词是古法语中龙虾（“*Omar*”或“*Homar*”，如今的写法是“*Homard*”）一词的拉丁译名化。

因此，目前常见螯虾的公认学名是 *Astacus fluviatilis*，而龙虾的则是 *Homarus vulgaris*。由于这一命名已经被普遍接受，因此不再随意加以改动是比较可取的做法，只不过有时候它也会让人稍感不便，因为我们如今用来称呼螯虾的词 Astacus，已经不再对应古希腊人或是现代希腊人所指的原意，也就是龙虾（*astakos*），而是指代另一种完全不同的生物。

最后我们谈谈为什么同一个物种需要两个名字（一个俗名、一个学名）的问题。很多人仅凭臆断就认为科学术语不过是强加给新手的不必要负担，还质问我们这些博物学家，平实易懂的英语为什么不能让我们满足呢？作为回应，我会建议这些提出异议者试着和木匠、工程师或是水手聊一聊他们从事的事业，看看“平实易懂的英语”能让他们聊到什么程度。估计谈话还没开始多久，他就会被一堆莫名其妙的行话搞得晕头转向了。每个行业都有其技术术语。每个工匠都会说行话，对于对此行业一无所知的门外汉，行话听起来就像鸟语，但对于从业者而言，行话用起来却极其方便。

事实上，每一门技艺都有其所独有的概念。既然语言的用途就是把我们的构想传达给另一个人，那它就必须为这些构想提供表达符号。要做到这一点，有两个途径：要么用现有符号凑合着拐弯抹角地迂回表达；要么就发明一套易于理解的、含义明确的新符号。有识之士的实践证明，后一种途径更为行之有效。在这一点上，科学也只是一如既往地单纯遵循常识并加以改进而已。

而且还得考虑一点，可能英国、法国、德国和意大利各国的工匠们没太大必要彼此讨论各自的业务情况，但科学却是世界性的活动，如果不同国家的动物学家用不同的术语来探讨同一件事物，那动物学研究的难度势必大为增加。他们需要的是一种共通的语言。结果大家发现以拉丁语为形式，以拉丁或希腊语为来源的表达方式还是很方便的。比如螯虾，英文里叫“Crayfish”，法语里叫“Écrevisse”，德语中是“Flusskrebs”，而在意大利语里则有好几种说法，“Cammaro”“Gambaro”或“Gammarello”。但不管是哪国的动物学家，都知道在其他国家学者的专著里，如果他想读关于螯虾的论述，就可以在 *Astacus fluviatilis* 的标题下找到。

不过，就算学名确有必要，为什么螯虾之类生物的学名还是双名？回答依旧是，为了方便实用起见。比如史密斯一家有 10 个孩子，我们可不会都管他们叫史密斯，这样完全没法分清谁是谁；我们也不会只给他们取个诸如约翰、詹姆斯、彼得或是威廉姆斯之类的名字，这样谁还知道他们是一家子呢？所以我们会给他们取双名，一个用来表明他们之间的紧密关系，另一个则赋予他们独立的个性，比如约翰·史密斯、詹姆斯·史密斯、彼得·史密斯、威廉姆斯·史密斯等。对动物学亦是如此，只不过根据拉丁语规则，我们把名放在姓氏的后面。

有许多种的螯虾，彼此非常相似，所以都有 *Astacus* 这个共同“姓氏”。而为了加以区分，其中一种被冠以 *fluviatile*（河流的）之名，另一种则叫 *slender-handed*（长臂），还有一种根据其栖息区域，命名为 *Dauric*（东北的）。于是就有了这些双名 *Astacus fluviatilis*（河螯虾）、*Astacus leptodactylus*（长臂螯虾）、*Astacus dauricus*（东北螯虾）。这样一来，我们的命名法在原则上极为简单，在使用中又不会混淆。对此我还要补充一句，对这套双名法中名词性或形容词性术语的词源越少加追究，它们作为专有名词的运用反而可以普及得越快，也越好。我们在刚发明一个词的时候，可能有很恰当的理由，但随着知识的不断进步，这些词的恰当性会逐渐丧失。比如在我们只认识一种螯虾的时候，*Astacus fluviatilis*（河螯虾）就是个好名字。可如今我们已经了解到有许多种类的螯虾，而且都栖息在河流中，那这个名字就变得无意义了。不过，由于再去改变名字反而会越改越乱，命名法的目的也仅仅是让确定的事物有一个确定的名字而已，所以也就没人想要随便妄加改名了。

在螯虾名称来源的问题上说了这么多，我们下一步可以看到，一名观察力敏锐且不拘泥于事物表面而更愿深入其内在的博物学家，会在这种动物身上关注哪些要点呢？

对于那些仅对高等动物比较熟悉的人士而言，螯虾最显著的特征就是，其身体坚硬部分在外，而柔软部分在内，相比之下，人类以及一般家养动物身体的坚硬部分，也就是构成身体骨架的骨骼是位于内部的，而柔软部分则包裹于其外。因此，我们的硬质骨架被称为“内骨骼”（endoskeleton）或“内骨”，而螯虾的则被称为“外骨骼”（exoskeleton）或“外骨”。正是因为螯虾的身体被包裹在硬壳之中，因此才被冠以“甲壳类”（*Crustacea*）之名，与其同归此类的还有蟹、虾及其他类似动物。昆虫、蜘蛛与蜈蚣也拥有硬质外骨骼，不过通常没有甲壳类动物的那样坚硬、厚实。

如果我们把一片螯虾的甲壳浸泡到浓醋里，甲壳会释放出大量二氧化碳气泡，这片甲壳也会迅速变成软质的层叠膜状结构，而溶液中则可检出石灰成分。事实上，外骨骼是由一种独特的动物有机质构成的，其中含有大量碳酸钙及磷酸钙成分，以令其质地致密、坚硬。

可以看到，螯虾的身体可被自然划分为数个不同区域。其坚固的前部由一整片大型盾板覆盖，被称为头胸甲（carapace），其后是多节型的后部，通常被称为尾部（图 1–2）。对螯虾的身体区域进行划分，可以说部分基于事实，而部分则是出自想象，仅是对高等动物身体区域划分的类推。出于这种类推，我们把它的身体前部称为头胸部（cephalo-thorax），或是头部（cephalon）和胸部（thorax）的组合，而后部则称为腹部（abdomen），而不再用之前的“尾部”来称呼这一部位。

在这些区域中，外骨骼的构造并不一致。例如腹部由 6 片完整的硬质环状壳（图 1–2，7~12）和 1 个末端的扇形瓣构成，后者被称为尾节（telson），其下方便是肛门所在（图 1–3, 24）。所有这些构成环节之间均可以自由活动，这是因为连接处的外骨骼并未钙化，而是在很大程度上保持了柔软和韧性，和硬质外骨骼被酸处理后去除了石灰盐成分后的质地类似。

接着，我们来重点说说关节的构造机制。目前足以断言的是，不论关节位于螯虾身体何处，其均以相同方式加以构造，即连接部分特定区域的外骨骼维持柔软性。

头胸甲上并没有关节，不过在其中部能看到一条横沟，沟末端延至身体两侧后渐止，再折向前方（图 1-1，6）。这一结构被称为颈沟（cervical groove），在它前面的是头部，后面的就是胸部。

胸部乍一看似乎完全没有关节，不过如果仔细检视其下方，或者更确切地可称为腹板（sternal）[12] 的表面，就可发现这个部位分为多条横向带或横节，数量与足肢的对数相当（图 1-3），而且，这些横节的后部与其余部分连接并不固定，而是可在较小间隙内来回活动（图 1-3，21）。

在雌性螯虾腹部每片环状壳与腹板同侧，也就是下侧，都附有一对足肢，称为游泳足（swimmerets）。前面的 5 片环状壳所附的足小且长（图 1-3B，15、19），但第六片环的附肢却很大，而且每一支足的末端还分出两片宽大的叶状物（图 1-3，20）。位于两侧各两片的叶状尾肢和位于中间的尾节一起构成了螯虾的尾扇。正是借助尾扇，螯虾才能做出后退式的游泳姿势。较小的游泳足会像船桨一样，有规律地一同摇摆，有助于螯虾向前游动。繁殖期雌性螯虾（图 1-3B）所产的卵会附着在其游泳足上；在雄性身上，前两对游泳足（图 1-3A，15、16）会以比较独特的方式向前弯折，这也是区分螯虾性别的一个特征。

用于步行的四对足可分成多个关节，其中前两对的末端有双爪，形如钳状，因此也被称为钳足（chelate）。而后两对足的末端仅为单爪。

在这些足的再前面，就是巨大的抓握肢（图 1–3，10），这对足和后面紧挨着的两对一样，也是螯状，但却要大得多。它们通常被特称为“螯钳”（chela）；而其巨大的末端关节则叫作“虾手”。我觉得，如果我们把这些足肢称为“螯足”，仅把其两个末端关节称为“螯钳”，就会更容易分清结构而不至于搞混。

目前为止，我们提到的所有足肢都在不同程度上帮助螯虾进行运动和抓握。螯虾借助其腹部及位于腹部的后几对足来游动，用胸部后几对足来行走。这些足肢最前方的两对钳足则用来抓住什么东西以便定住身体，或是用来辅助攀爬，也用来撕碎螯钳捕获的食物并递入口中。至于一对大螯钳，则用来捕捉猎物或进行防卫。这些足肢所起的作用被称为足肢的功能（function），足肢本身则被称为这一功能的器官（organ）。因此这些足肢都可以称为实现运动、进攻及防御功能的器官。

在螯钳的前方，还有一对特征迥异的附肢，其方向与先前提及的附肢均不相同（图 1–3，9）。这对附肢实际上直接指向前方，彼此平行，且平行于身体中线。它们分成若干关节，其中靠近基部的关节比其他的更长，且在内侧，也就是朝向对称的另一条附肢一侧的边缘呈锋利锯齿状凸起。显而易见，这对附肢很适合用来压碎和撕裂它们之间的任何物体。实际上，它们就是螯虾的颚（jaws），或称咀嚼器官。同时还需注意到，这对附肢与胸部后侧的足肢大体形状仍颇为相似，因此为了加以区分，我们将其称为外颚足或外侧颚肢（maxillipedes）。

如果用一根结实的针头从这对外颚足中穿过，就会发现针头通过螯虾的口毫不费力地进入其身体内部。实际上，螯虾的口与其说是真正意义的口，不如说是一个大一点的孔洞而已。不过，如果不把这些外颚足还有其他几根同样有助于咀嚼功能，也就是用于咀嚼碾碎食物的附肢强行分向两侧的话，是无法看到这个口部的。我们现在可以整体观察一遍螯虾的咀嚼器官，注意螯虾一共有三对颚肢，在其之后是形状略有不同的两对上颚（maxilla），以及一对极为壮实的大颚，被称为下颚（mandibles）（图 1–3，4）。所有这些颚足都是左右活动的，这与脊椎动物的颚不同，后者为上下活动。在口部上前方，被颚足覆盖之处，可看到长有两根较长的触须，其被称为大触角（antenna）（图 1–3，3）；往上、往前，是更短小的触须，或称小触角（antennules）（图 1–3，2）；再往上，就是眼柄（eye stalks）所在（图 1–3，1）。其中，大触角为触觉器官，小触角还包含听觉器官，至于眼柄末端的，则为视觉器官。

因此，我们可以说，螯虾的身体分为数段，且分节，腹部的体节非常明显，而在其他部位的体节就不那么好找了；螯虾还有不少于 20 对的所谓附属器或附肢（appendages），这些附属器位于身体的不同部位，有其不同用途，或者说属于实现不同功能的器官。螯虾虽小，却也堪称一台构造复杂精妙的生物机器。不过，这些还只是个开头，即使是那些粗粗扫一遍就能看出端倪的器官，我们也远没有说完呢。每个吃过水煮螯虾或龙虾的人都知道，其前面那片大甲壳，也就是头胸甲很容易从胸部和腹部上分开，属于这一区域的虾头和足肢也会随着头胸甲一起被剥离。其原因并不难找到。属于胸部的那部分头胸甲的下边缘非常接近足肢的基部，但两者间留有一道裂缝状的空隙；这条裂缝向前延伸至口部区域侧边，向后上方，则延伸至头胸甲后缘和腹部第一体节侧边之间，腹部第一体节的部分被头胸甲后缘覆盖，自身又覆盖了头胸甲后缘的一部分。如果我们用剪刀的刀口从后面小心插入这道裂隙当中，注意从上端插入不要撕坏任何内部构造，然后在平行于中线位置剪一刀，一直剪到颈沟位置。如此一来，可以把沿着颈沟直到外颚足基部的一大片甲壳掀开。头胸甲的这部分被称为鳃盖（branchiostegite）（图 1-1，7），因其所覆盖的是螯虾的鳃（branchia）（图 1-4）。把这部分掀开后，鳃就暴露出来了。这些鳃看上去就像一簇簇精致的羽状物，其根部位于足肢的基部，后方的鳃向前上方延伸，前方的则向后上方延伸，羽状物的顶部汇聚于其所在体腔的最上端，这一体腔也因此得名鳃室（branchial chamber）。鳃是螯虾的呼吸器官，其功能与鱼的鳃相同，结构上也呈现了一些相似性。

如果将鳃移除，就可以看到鳃室在其内侧是有边界的，这道边界为倾斜状的内壁，由一层纤薄、易碎的、经过钙化的外骨骼构成，组成的也是胸部的外体壁。鳃室腔体的最顶端，外骨骼极薄，并向外翻转，接入鳃盖的内壁或内衬中，后者也是非常薄的结构。

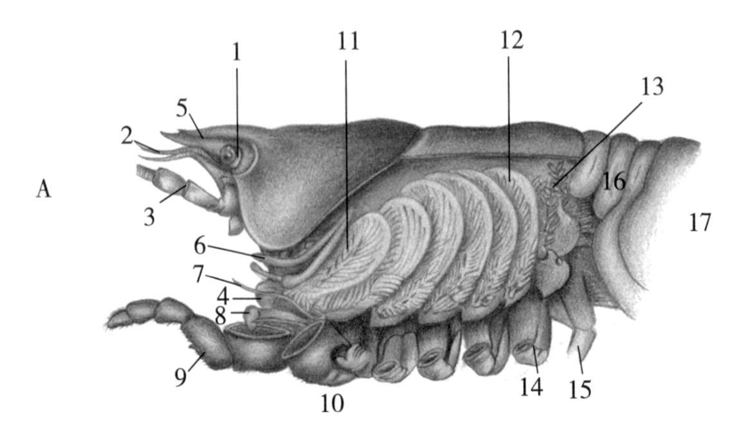

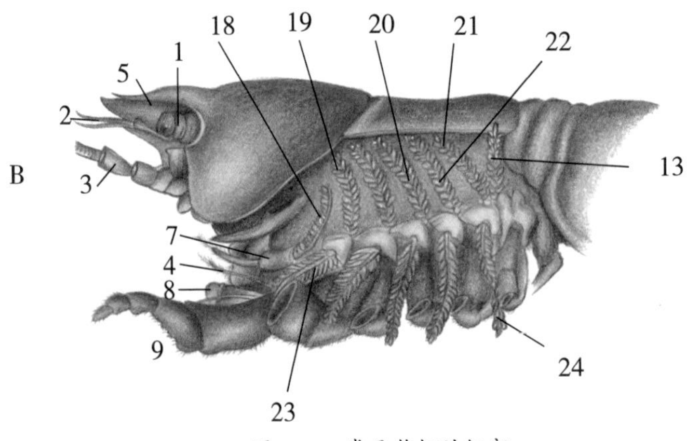

图 1-4　常见螯虾的鳃部

A. 鳃盖去除后，可见螯虾的鳃的自然状态；B. 去除了足鳃，可见关节鳃靠前的一排向下。

1. 眼柄；2. 小触角；3. 大触角；4. 下颚；5. 额剑；6. 颚舟叶；7. 首条颚肢；8. 第二条颚肢；9. 第三条颚肢；10. 螯钳；11. 第二颚肢的足鳃；12. 第三步足的足鳃；13. 有功能的侧鳃；14. 第四条步足；15. 第一腹部附属器；16. 第一腹部体节；17. 第二腹部体节；18. 第二颚肢；19. 第三颚肢；20. 未发育的侧鳃；21. 第三步足的后关节鳃；22. 未发育的侧鳃；23. 第三颚肢；24. 第三步足的前关节鳃。

所以说，鳃室其实是完全位于体外的，它和螯虾躯体的关系，就好比一个人的大衣衣襟与紧身马甲和人身体的关系，如果这件大衣的衣襟衬里和马甲的边是缝在一起的话，就更贴切了。或者还可以做一个更近似的类比：如果一个人背上的皮肤足够松弛，可以向两侧拉出两片宽大的皮片，并向前包住他的侧腹，那就和螯虾的情况差不多。

可以看到，鳃室的后方、下方和前方都是敞开的，因此，螯虾在水中栖息时，水流可以自由进出这一部位。水中溶解的空气得以让螯虾进行呼吸，这和鱼类的情况相同。也像不少鱼类那样，所以螯虾在离水环境中也能顺畅呼吸，只要其所处环境足够凉爽、潮湿，以保持鳃部湿润不干燥即可。因此，在阴湿的天气里，螯虾没理由不能在陆地上自在生活，至少在湿草地里待着毫无问题。不过我们常见的螯虾是否真能进行陆地远足，还是令人存疑的。之后的章节里，我们还会介绍一些外来种的螯虾，它们更习惯生活在陆地上，如果长时间浸没在水里，反而会死掉。

至于螯虾的内部结构，虽然我们只是走马观花式地看一遍，有些地方还是不能忽视。

如果我们去除一只刚被杀死的螯虾的头胸甲，会发现其心脏仍在跳动。其心脏相对还是很大的（图 1–5，11），位于颈沟后方头胸甲的中间区域下方；或者也可以说，位于胸部的背侧区域。在心脏前方，头部位置内，有一个大的圆形囊，即胃部（图 1–5，6）。从胃部延伸出一条极纤细的肠（图 1–5，13），直接穿过胸部及腹部，直至肛门。

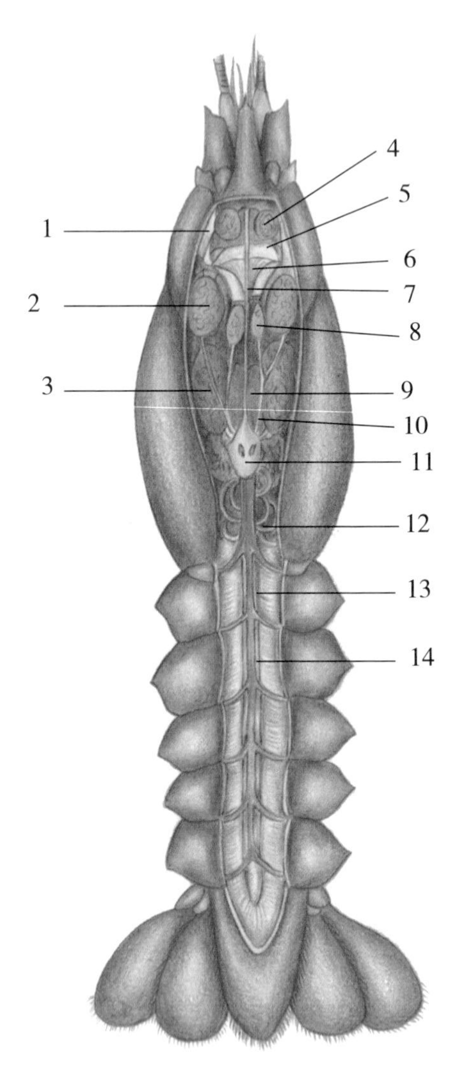

图 1-5　常见螯虾雄性标本

1. 绿腺；2. 下颚内收肌；3. 肝脏；4. 胃前部肌肉；5. 触角动脉；6. 胃贲门部；7. 眼动脉；8. 胃后部肌肉；9. 精巢；10. 大触角动脉；11. 心脏；12. 输精管；13. 后食道；14. 上腹动脉。

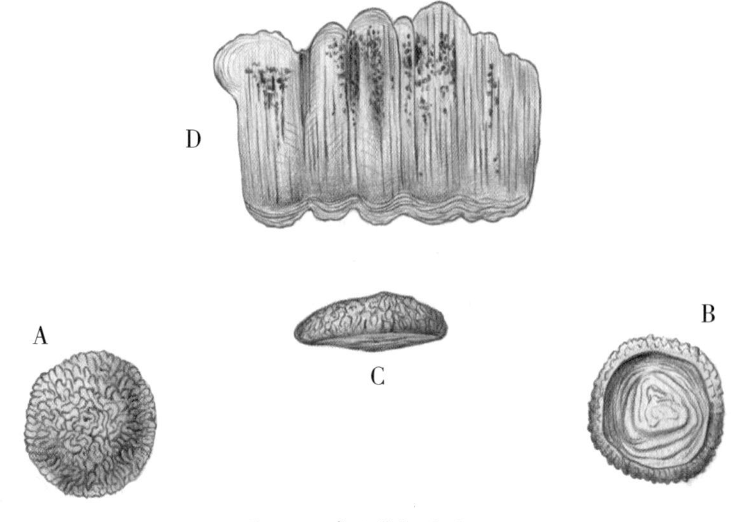

图 1-6　常见螯虾的胃石

A. 自上方；B. 自下方；C. 自一侧；D. 垂直剖面。

在夏天，螯虾胃两侧经常可见两块半球状钙化结石，被称为“蟹眼”或胃石（gastroliths）。在古时候，这两块东西被当成可治百病的灵丹妙药。胃石朝向胃腔体一侧的表面（图 1-6）比较平滑，或有所内凹；而另一侧则向外凸出并带有不规则凸起物，有点像一种“脑石”珊瑚。

而且当我们把胃囊打开时，会发现其内部有三枚明显凸出的牙状物（图 1-7，8、15），因此，除了 6 对颚，螯虾在胃里还有一台额外的“粉碎机”。在胃的两侧，各有一个软质黄褐色团块，这被认为是螯虾的肝脏（图 1-5，3）；在繁殖季节，雌性螯虾的卵巢，也就是形成卵子的器官，会与其内部所含的深色卵子呈现显著色差，而且这卵巢也像外骨骼一样，在煮熟后会变成红色。在煮熟后龙虾身上对应的部分被称为“虾黄”。

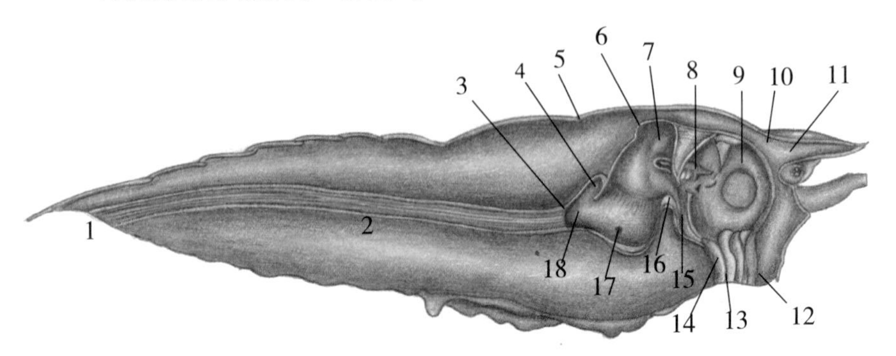

图 1–7 常见螯虾消化道纵向垂直剖面图

1. 肛门；2. 后食道；3. 环形脊，标识着后食道的开端；4. 盲肠；5. 颈沟；6. 胃后部肌肉；7. 胃幽门部；8. 胃部侧齿；9. 胃贲门部；10. 胃前部肌肉；11. 头前部凸起；12. 上唇；13. 口部；14. 食管；15. 中齿；16. 贲门－幽门瓣；17. 左胆管入口；18. 中食道。

除了这些内部结构，螯虾体内最明显的构造就是存在于胸部、腹部及螯钳中的大量虾肉，或者称为肌肉。这些肌肉不像多数高等动物的肌肉那样呈红色，而是白色的。我们还能进一步观察到，当螯虾受伤时，流出的血液是一种透明液体，要么几乎无色，要么是极淡的红色或青灰色。因此老一辈的博物学家以为螯虾是没有血的，只有一种脓水来代替。这种可疑的液体确实是血。如果我们把它放进容器中，它很快就会形成一团柔软但致密的凝胶状结块。

螯虾在幼体阶段生长迅速，不过随着年岁渐长，这种增速就会逐渐放慢。刚刚离卵的幼体呈青灰色，仅有约 1/4 英寸长。到年底时，其已可长至接近一英寸半的体长。1 岁的螯虾平均身长 2 英寸；2 岁时为 2.8 英寸；到 3 岁时达 3

英寸半；到了4岁，已接近4英寸半；5岁时则为5英寸。它们还会继续生长，有些极端例子中，甚至可以达到7~8英寸，不过，尚不能确定要达到这种不同寻常的体长，它活了多久。不过，很可能此类动物的寿命可以长达15~20年。就是否具备繁殖能力而言，它们貌似多在5岁或6岁时进入成熟期。不过，我也曾观察到过一只仅2英寸长的雌性螯虾已经在腹部抱卵了，也就是说，它可能只有2岁。相同年龄的雄性螯虾通常体型大于雌性。

龙虾的硬质骨骼一旦形成，就不能延伸，也不能像更高等动物的骨骼那样通过填充间隙来实现生长。因此，随着螯虾身体的不断长大，就意味着它要不断蜕下体表覆盖物并令其再生。有人可能以为这种蜕变是以一种不易察觉的方式，在不同时期，在躯体的不同部分渐次发生，就好像我们掉头发一样。但实际上，这却是周期性的，且是全身同时完成的，就好像鸟类换羽一样。突然之间，整个旧壳就被螯虾一次性抛弃，与此同时，新的外壳已经在旧壳下方形成了，只不过新壳会在一段时间里保持柔软，这样螯虾的身体就可以在新壳硬化之前实现迅速生长。这种蜕去外壳的方式在学术上被称为蜕皮（ecdysis）或脱壳（exuviation）。这个词一般用来指称“皮肤的脱落”，不过用在此处也无伤大雅，只要我们不忘指出螯虾蜕去的外壳其实并不是外皮，更确切的说法应该是表皮角质层（cuticular layer），也就是真正外皮的外表面所分泌的一层物质。实际上，螯虾的外皮骨骼实在不能算是皮肤的一部分，相比之下，蛇的遗蜕或是我们的指甲，还更接近皮肤一点。因为后两者是由连贯的表皮组件组成的，而螯虾体表的硬质覆盖物却不含此类组件，在其内侧，才是可以与高等动物的表皮相对应的结构。所以，螯虾是这样生长的：它在蜕壳间隔期间维持稳态，然后趁蜕壳后，新的外骨骼还在形成的那几天迅速增长。

一个半世纪前，一位有史以来最富有精确性的观察家首次对螯虾的蜕壳过程进行了全面研究，他就是著名的博物学家雷奥米尔[13]。以下对这一奇妙过程的重现基本就是照搬他的描述。[14]

蜕壳过程开始的几小时前，螯虾会用足肢互相摩擦，并且在不移动位置的情况下单独活动每一条足肢，背部朝下，尾部弯起再伸直，同时不停摆动大触角。通过这些活动，它得以让身体的各个部分与已经开始变松的外壳之间产生微小的间隙。这些准备步骤完成后，螯虾看上去似乎变大了一点。这十有八九是因为它开始把足肢缩回到躯干外骨骼的内部。事实上，已有人注意到，如果在这一阶段把螯虾一只大螯的最末端折断，会发现里面是空的，而其内含的软质部分已经回缩到了第二关节处。连接头胸甲后部末端和腹部第一环节的软质膜部分会解开，而已经覆盖了新软质外壳的身体就从此处钻出；其外表呈现深褐色，和原来褐绿色的老壳对比明显。

至此，螯虾会休息一小会儿，然后它的足肢和身体又开始骚动不安起来。随着螯虾的身体钻出，头胸甲被向前顶起，只是在口部还彼此粘连在一起。然后

> 头部会向后拔出，使得眼睛和其他附属器从旧的覆盖层中脱离。之后要拉出来的是足肢，要么一次拉一条，要么两边一起拉。有时候，某条足肢会从躯干脱离，遗留在蜕下的壳中。这个过程中，足肢上原先的覆盖层会沿纵向裂开，以方便蜕壳继续进行。
>
> 足肢完成蜕壳后，螯虾的头部和足肢就已经完全从原先外壳中释放出来；随后它会突然向前一蹿，充分伸展腹部，把后者也从旧壳中拔出，实现彻底分离，原先的骨架就此被它留在了身后。这时，已蜕下外壳的头胸甲会回归原位，足肢上的纵向裂纹也准确闭合，让这个空壳看上去就像蜕壳开始时一样。这副螯虾蜕下的外骨骼和螯虾简直一模一样，如果已完成蜕壳的螯虾静止不动的话，那么除了后者颜色更鲜亮一些以外，这两者几乎让人难以辨别。

完成蜕壳后，脱去旧壳的螯虾已经被它自己的剧烈活动折腾得精疲力竭，会平卧着不动，要知道这个活动强度对它可是致命的。这时，螯虾外部的覆盖物不是硬壳，而是像湿纸一样松软的存在。不过，雷奥米尔也提到，如果把蜕壳后的螯虾立即加工处理，会发现其肉质会更硬一点；他将此归因于螯虾肌肉的剧烈收缩使其仍处于痉挛状态之中。不过，没有了硬质外骨骼的束缚，收缩的肌肉不会马上恢复原状，必须等待一段时间，其内部体液分布的压力将其肌肉舒张开来。当蜕壳过程进行到头胸甲抬起的阶段，那就没什么可以阻止螯虾继续完成这一过程了。如果在这一状况下把螯虾从水中取出，它们也会在我们的手里继续蜕壳，即使用力挤压它们的身体也不能让它们停下。

螯虾从最开始钻出旧壳到最终完成蜕壳所需的时间会因为个体活力和所在环境的差异而有所不同，从 10 分钟到几个小时不等。胃部的壳多糖内层，以及牙齿和“蟹眼”也会和表层外骨骼一起蜕下，不过这些部分会在胃的内部破碎并溶解。

螯虾的新外壳会在 1~3 天内维持柔软。奇怪的是，这种动物似乎能充分意识到自己此时的弱小无助，并约束自己的行为。

一位善于观察的博物学家曾写道：“我曾经养过一只螯虾。我把它养在一个玻璃皿里，水深不超过 1.5 英寸，因为以往的经验显示，如果水再深一点的话，可能由于缺乏通风，使得这种动物活不长。渐渐地，我的这名‘小囚徒’变得非常大胆，每当我把手指放到器皿边上，它都会立即对其大肆攻击一番。在我养了这只螯虾大概一年后，我发现它旁边竟然有了第二只螯虾。细察之下，我才看清这只是它蜕下的几乎还很完整的旧壳。现在，我的小朋友完全没有了以往的勇猛气势，而是在那里激动狂颤。它变得很软弱。随后两天，每次我进房间的时候，它都会陷入极大的惊骇之中。到第三天，它貌似才恢复一点自信，尝试用钳子夹我的手指，只是还显得有些胆怯，而且外壳也没有以前那么硬。不过大约一个星期后，它就变得比以前更大胆了；它的武器也更加锋利，貌似也更强壮了，这时候被它夹一下可不得了。它一共活了两年左右，这段时间里它的食物是不定时供应的极少量蠕虫，它可能一共吃了不到

50条。”[15]

根据最细心观察者的发现，幼年螯虾在1岁时会蜕两三次壳；随后变为一年一次，时间通常是在盛夏时节。我们有理由认为老年螯虾并不会每年都蜕壳。

刚才我们已说到，在把足肢从要蜕去的外骨骼中抽出这一较激烈的过程中，螯虾有时会失去一两条足肢。这些被分离足肢的部分或整体都留在蜕去的外壳里。不过，这并不是螯虾把自己的足肢切断的唯一方式。任何时候，如果这种动物的某条足肢被抓住而无法脱身，那它就会通过抛弃这条足肢来摆脱困境。此时，捕捉者手里只剩下一条切断的足肢，螯虾已经逃之夭夭了。这种自发的截肢行为总是在同一位置发生，也就是螯足最为细长的部分，位于基节与其余部分连接关节的上方。其他足肢也很容易会在关节处分开，以至于我们常能看见这种足肢残缺不全的螯虾。不过这种伤残并不是永久性的，因为这些动物具有不可思议地让失去的躯体部分再生的能力，不管这种丧失是因为人工切断还是自发造成的。

螯虾就像所有甲壳类动物一样，受伤时流血量很大。如果其足肢大关节被刺穿或躯干受伤，那么它很可能迅速因为随之而来的出血而死亡。不过，受到这种伤害的螯虾通常会在下一个关节处把整条足肢抛弃，因为关节部位的腔体相对封闭，两侧容易愈合。当此类切断发生时，很快会在残肢截面上形成一块硬壳，可能是凝结血液构成的。最后，会有一层角质覆盖其上。过一段时间，在这个硬壳下面，残肢截面的中心位置会有一个芽状物长出来，并逐渐长成被截断的那条足肢的模样。下一次蜕壳时，这个包覆的角质硬壳会随其他部分外骨骼一起脱落。刚长成的足肢就会伸出来，虽然还很小，但已具备了这一肢体应具备的所有组织。之后每次蜕壳，这条足肢都会长大，不过，要恢复到受伤前那条足肢的大小需要很长时间。因此，经常会看到一些螯虾的螯钳或是其他足肢虽然不是毫无用处，解剖学上也十分完整，但大小上却和其他足肢差别明显的情况。

如果螯虾在蜕壳后较柔软的时期遭受伤害，就会导致受伤区域的异常生长。这可能会是永久性的，并导致螯虾的螯钳及身体其他部分的畸形。

在螯虾的卵生繁殖过程中，雄性和雌性的彼此配合是必不可少的。在雄性螯虾最后方一对足的基部关节处，可看到一个小孔(图 1–3，A，22)。这个开孔就是雄性螯虾体内形成令雌性螯虾受孕物质的器官（精巢）所延伸出的管道终结之处。这种受孕物质本身是一种浓稠液体，排出体外后会凝结成白色固体。雄性螯虾会把这种物质排到雌性螯虾胸部最后一对足的基节之间位置。

在雌性螯虾卵巢内形成的卵子也会被引导至体表的开孔，这一开孔位于雌性螯虾胸部倒数第三对足的基部，也就是两对末端有钳爪的足后面的位置（图 1–3，B，18）。

在雌性螯虾已获取雄性螯虾排出的精液后，它就会按我们先前提到过的方式退回到洞穴中，然后产卵过程就开始了。卵子在离开输卵管的开孔后，表面会覆盖一层黏性物质。这种物质可以很容易被拉成短的细丝。这条细丝的一端会自行附着到雌性螯虾游泳足表面的某一根长绒毛上，然后随着黏性物质快速硬化，卵子就通过一个柄状结构附着到了足肢上。这一过程不断重复，直到雌性螯虾的游泳足上沾满了数以百计的卵子。这些卵子会随着游泳足的摆动而被水流来回冲刷，因此会充盈气体且可以排除杂质。稚虾的成形方式和小鸡在鸡蛋里的情况别无二致。

不过，其发育过程非常缓慢，需要一整个冬天。到了春末或夏初，稚虾就会纷纷破卵而出，它们刚孵化出来就和自己的父母基本一个模样。这与螃蟹和龙虾的情况大不相同，后两者的幼体在破卵时长得和它们的父母很不一样，需要经过一个明显的变态过程才能发育成正常形态。

在稚虾孵化出以后的一段时间内，它们会紧紧抓住母虾的游泳足，被母虾带着四处游走，被它的腹部所庇护，就好像是它们的托儿所一样。

以观察细致入微著称的博物学家勒泽尔·冯·罗森霍夫曾谈及刚孵化的螯虾幼体：

> 这个时候，这些稚虾还相当透明。如果把这样一只携带稚虾的母虾放到桌子上，那些不知道稚虾样子的人会觉得母虾身体下面的一团东西很恶心。不过，如果我们凑得更近一点，用放大镜仔细观察，就会欣然发现这些稚虾已经长得很完美了，而且在各方面都和成虾很像。这些稚虾开始活络起来后，如果它们的母亲在水中一段时间保持不动，它们就会离开她的怀抱，稍稍向外游一丁点儿距离。不过，只要它们嗅到一点危险的气息，或者水里有任何不寻常的动向时，

就好像它们的母亲在通过信号喊它们回来一样，这些稚虾马上就会全部迅速游回母亲的尾部下面，并挤成一团。它们的母亲会尽可能快地带着这些小宝宝前往安全之处。可仅仅几天以后，它们就陆续离母亲而去了。[16]

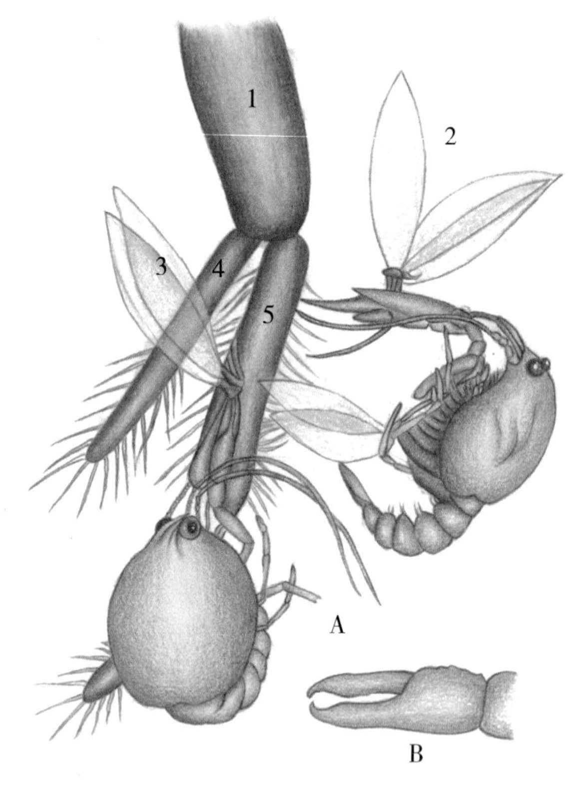

图 1-8 稚虾附着在母虾游泳足上

A. 两只刚孵化出的稚虾附着在母虾的一条游泳足上；B. 刚孵化稚虾的螯钳。

1. 游泳足的原肢；2. 裂开的卵壳；3. 裂开的卵壳；4. 外肢；5. 内肢。

据渔民说，“母龙虾”也用类似的方式保护它的孩子。[17] 约翰斯顿 [18] 早在 17 世纪中叶的著作中就记述过，经常见到稚虾依附在母虾尾部的情景。勒泽尔的观察也揭示了同样的情形。不过，他并未描述这种依附的具体模式。我也没有在其他作家的作品中找到对这一状况的观察。

我们已经知道，虾卵通过一种黏性物质附着在母虾的游泳足上。这种物质被涂抹在游泳足和足上的绒毛上，并拉出或长或短的纤细梗状物，连接到每一颗同样由黏性物质包裹的虾卵上。这种物质很快会硬化，变得非常坚固又有弹性。

当稚虾准备好破壳而出时，卵壳就会裂成两半，不过，还是会像一对表面皿一样，在卵的梗部末端连在一起（图 1-8，A，2）。正如勒泽尔所说，这些幼体虽然和父母很像，但也并非“在所有方面都相似”。这些稚虾的腹部第一对和最后一对足缺失，尾节也和成虾大不相同。而且，其螯钳的末端有非常锋利的尖刺，并向内弯折成钩状，螯钳闭合时这些钩还会互相重叠（图 1-8，B）。因此，在这种螯钳对着任何足够软的东西合上，并让上面的倒钩嵌入进去后，就很难打得开。就算还能再打开，难度也非常大。

在稚虾出壳的那一刻，它们必须凭本能将自己一对螯钳的末梢嵌入覆盖着整条母虾游泳足的已硬化的虾卵黏合物上。所有的稚虾都会采取这种固定方式。它们几乎一动不动，即使受到粗暴的摇动和摆弄也不会脱落。我猜这正是因为其螯钳末端倒钩彼此紧扣，嵌入虾卵黏合物中的缘故。

即使把母虾浸入酒精里，稚虾也还是会保持附着状态。我曾养过一只母虾，它的稚虾就以这种方式附着在它身上。我观察了五天，没有发现一只稚虾显出一点脱离的迹象，以至于我认为只有到了第一次蜕皮的时候，它们才会真正从母体释放。在此之后，稚虾对母虾的附着就是暂时性的了。

稚虾的步足末端也有钩，不过在其附着到母虾身上的过程中起的作用相对较小，而且貌似随时可以松开。

我发现，墨西哥螯虾（*Cambarus*）的稚虾也和英国螯虾用一样的方式附着于母体。不过，根据伍德·梅森先生[19]近期的观察，新西兰螯虾的稚虾却是通过后部步足的钩端附着到母虾游泳足上的。

那些在各方面都和我们在英国河流中发现的螯虾相似的同类，也即是说同属 *Astacus fluviatilis* 种的螯虾也一样可以在南至意大利和希腊北部，东至俄罗斯西部，北至波罗的海沿岸的广大欧陆区域以及爱尔兰岛发现其踪迹。在苏格兰并没有这种螯虾。在西班牙，除了巴塞罗那以外，它们要么就是十分罕见，要么就是不曾引人注意。

目前，尚未发现 *Astacus fluviatilis* 种的螯虾以化石状态存在。

就像其他动物一样，围绕螯虾也有不少奇谈怪论。人们曾一度大量收集“蟹眼”，并把它当作治疗结石等疾病的药物出售。不过，由于蟹眼的实际成分几乎全是碳酸钙，加上一点磷酸钙和有机质，所以其实际功效估计和白垩土或是镁的碳酸盐差不多。以前，还有一种很流行的说法是螯虾在新月的时候瘦，在满月的时候肥。考虑螯虾夜间活动的特性，这个说法可能还有点根据。著名的大商人范·赫尔蒙特曾讲过这样一个故事：在勃兰登堡，人们对螯虾的需求量很大，而经销商们却不得不趁着夜色把它们运到市场，为的是防止某只猪钻到运虾的马车底下。如果这一情况不幸发生，那么所有螯虾在早上都会一命呜呼："猪就像是一种致命的癌症。"另一位作者还对这个故事添油加醋一番，声称猪的呼气对螯虾来说是致命的伤害。另一方面，腐烂螯虾的味道也是非常强烈，据说甚至可以把鼹鼠从洞里熏出来。

---

[1] 纪尧姆·朗德勒（Guillaume Rondelet，又名 Rondeletius），16 世纪法国解剖学家和博物学家，以对动植物的浓厚兴趣而闻名。

[2] 乌利塞·阿尔德罗万迪（Ulisse Aldrovandi），16 世纪意大利博物学家，曾推动建立欧洲最早的植物园博洛尼亚植物园，被林奈和布封尊为"博物学研究之父"。

[3] 特雷维拉努斯（Treviranus），德国人，有兄弟二人，分别为 Gottfried Reinhold Treviranus 和 Ludolph Christian Treviranus，均为当时著名的博物学家和生物学家。

[4] 让·巴蒂斯特·拉马克（Jean-Baptiste Lamarck），法国博物学家，生物学奠基人之一，最早的进化论倡导者。

[5] 查尔斯·罗伯特·达尔文（Charles Robert Darwin），英国生物学家，进化论的奠基人。

[6] 作者原注：如果手头没有螯虾，那么龙虾也可以拿来顶替一下。后者几乎在各个方面都与前者描述基本相符，只是在鳃部和腹部附属器上有所差异。另外，在龙虾身上，胸部最后一节体节与其余是一致的。（详见第五章）

[7] 威廉·哈维（William Harvey），17 世纪英国著名的生理学家和医师、

血液循环规律的发现者。血液循环规律的发现奠定了近代生理科学发展的基础。

[8] 译者注：1 英寸≈2.54 厘米。

[9] 需要指出的是，作者在书中用作示例的是欧洲原生的螯虾种 Astacus fluviatilis，在外观特征上和我们国内最常见的，原产自美洲的克氏原螯虾（Procambarus clarkii）略有不同。

[10] 布封（Buffon），18 世纪法国著名博物学家和作家，以 36 卷巨著《自然史》流传后世。

[11] 米尔恩・爱德华兹（Henri Milne-Edwards），19 世纪法国杰出的动物学家。

[12] 在对螯虾的生理结构命名中，"腹"有两种含义指代，一种是指身体后部的多节分区，与"头胸部"对应，一般称"腹部"；另一种则是指身体的靠下侧，自然状态下紧贴地面的一侧，与身体靠上侧对应，前者称"腹侧"或"腹板"，后者称"背侧"或"背板"，阅读时应注意区分。

[13] 雷奥米尔（René Antoine Ferchault de Réaumur），法国著名昆虫学家和作家。

[14] 作者原注：参见雷奥米尔的两篇研究论文。

[15] 作者原注：这段观察来自已故的罗伯特・鲍尔（Robert Ball）先生，收录于 Ball 的"*British Crustacea*"第 239 页。

[16] 作者原注：见"*Der Monatlich-herausgegeben Insecten Belustigung.*" Dritter Theil，第 336、1755 页。

[17] 作者原注：见 Ball 的"*British Crustacea*"第 249 页。

[18] 作者原注：见 Joannis Jonstoni "*Historiæ naturalis de Piscibus et Cetis Libri quinque. Tomus IV. 'De Cammaro seu Astaco fluviatili.'*"

[19] 詹姆斯・伍德・梅森（James Wood-Mason），与作者赫胥黎同时代的英国动物学家，以对介子虫和螳螂的研究而闻名。

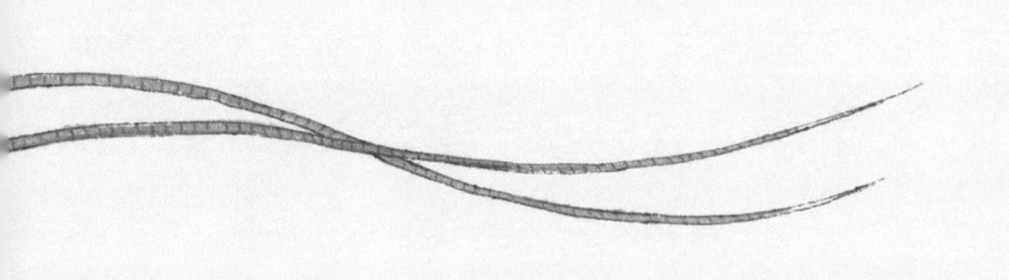

第二章

常见螯虾的生理学

——生物体各组成部分获得其维持生长所需材料的机制

如对上一章“螯虾的博物学”所叙述的概述进行一番分析的话，可为我们提供对以下三个问题的概括性回答。第一，这种动物的形态与结构是什么样子的？不仅是成体，也涵盖其生长的不同阶段。第二，其有能力实施哪些不同的行为？第三，可以在哪里找到这种动物？而如果我们对这些问题进行进一步的探究，并给予尽可能完整且充分的答案，那么对于第一个问题，就可以定义出螯虾的形态学；第二个问题的答案则构成了螯虾的生理学；至于第三个问题的答案，就是我们对螯虾分布或生物地理学的知识。其实还有第四个问题，不过只要我们的知识尚未超越博物学阶段，那这一问题就很难被严肃讨论。第四个问题就是：形态学、生理学和生物地理学所包含的所有事实是如何发展成现在这样的？解决这一问题的尝试将引导我们前往生物学成就的“皇冠”——原因论。当螯虾的动物学能够为这四个大条目下所有问题给出答案时，那么这门学科也就臻于完美了。

在我们把博物学扩展到动物学的过程中，前三个问题谁先谁后并不太重要，因此我们不妨遵循科学史的发展顺序来依次看看。在人们获得关于某种动物的粗略认识后，下一个兴趣点就是在这些动物身上找出一种构造机制，其作用与人们通过机械装置达到的精巧设计相类似。他们观察到，动物会做出各种不同的活动。当他们深入探究这种活动得以实施所用到的身体某部分究竟是何种构造，又运用了什么能量时，就会发现这些身体部分体现出某种机械装置的特性或机制，也就是说，整体的活动可以从组成部分的特性和连接中加以推导，就好像一个钟表的鸣响可以从构成它的砝码和齿轮组的特性与彼此连接方式中推导出来一样。

一方面，对动物身体构造的理论基础进行探索的结果是目的论，或者说，一种适应目的的学说。另一方面，这又是一个生理学问题；就生理学而论，它是通过从已确立的物理和化学真理，或从生命物质的基本性质中进行推论，来阐明复杂生命现象的学科。

我们已经知道螯虾是一个贪得无厌且来者不拒的进食者；那么我们自然有把握假设，如果供给充分营养物，那么一只成年螯虾可以在一年时间里消耗它自身重量几倍的食物。可是到这段时间结束后，它自身体重的增长却只占原体重的一小部分。由此可以明确推出，其摄入身体的很大一部分食物必然以某种形式被重新排出身体。在这段时间里，螯虾还从它栖息的水中摄入了大量的氧气；同时也向水里排放了大量碳酸、或多或少的含氮物质和其他排泄物。从这个角度看，螯虾可以被视为一个化学工厂，它获取特定的食物原材料，把这些原料进行加工转化，然后以另一种形态产出。那么呈现在我们眼前的第一个生理学问题就是：这个工厂中各种设备的运行模式是什么样的？其运行在何种程度上可以被已知的物理和化学原理推导所阐明？

我们知道，螯虾食物的基本组成非常多元化，有动物性的，也有植物性的，但是只要这些食物能够赋予动物持续活动所需的营养，就必然都含有某种特殊的含氮物质，也就是蛋白质（protein）的某种形态，比如白蛋白、纤维蛋白之类。和它一道起作用的还有脂肪类物质、淀粉及含糖物质以及众多矿物盐。这些食物中的必要组成部分可能在很大程度上会与其他物质混合在一起，比如常常会和植物类食物中的木质，或是动物类食物中的骨骼及纤维成分相混，而这些物质对螯虾基本没用。

所以，摄食过程中的第一步就是把食物分解，以便把其中的营养成分，或者说那些可以转化成有用物质的成分和其他缺乏营养或无用的成分互相分离开来。这一初步工序就是把食物分成小块，让它的大小正适合导入用于提取有用产品的机器中。

食物可能是螯虾用大螯钳抓住的，又或者是被第一或第二对步足，也就是前端带螯的钳足抓住的；在前一种情况下，食物通常也会被传递给第一对或第二对步足，或者由这前两对步足一起抓住，但也并非都如此。这些钳足抓住食物，把它们撕成适当大小的碎片，投到外颚足之间，后者同时也在快速来回摆动，用锯齿状的边缘碾压食物碎块。其他五对颚也没闲着，它们不断把通过自己锯齿状边缘的食物进行粉碎和分割，并投入大张的口中。

螯虾的消化道一端从口开始，一直到另一端的肛门，每一端都与体壁相连，因此我们可以把整只螯虾想象成一个空心的圆柱，圆柱腔体封闭，只是由一根两端开口的管子穿过（图 1-7）。这根管子与圆柱外壁之间的封闭腔体，可称为围脏腔（perivisceral cavity）。这段位于消化道与体壁之间的腔体中填满了各种器官，剩下的部分则是一个充满血液的不规则通道系统，称为血窦（blood sinuses）。这个圆柱体的壁就是外侧体壁，一般称为皮肤（integument）；而其最外层则被称为表皮（cuticle），正是这层表皮产生了整个外骨骼。正如我们所知，这一角质外层富含石灰盐，且由于其含有壳多糖（chitin），所以通常也被称为壳多糖表皮（chitinous cuticula）。

现在我们已经对这个生物工厂的部署有了一个大致概念，下一步就是考察工厂中包含的营养补给设备了，其代表有以下几类：消化道的各个部分及其附属物；营养物的分配器官；以及负责把整个有机体最后产生的废弃物排出体外的两套器官。

在这里，我们有必要稍稍深入形态学（morphology）的领域，因为这些器官的某些部件非常复杂，如果不对其解剖学形态有所了解，就很难理解其运作。

螯虾的口是一个垂直方向上拉长，且两侧平行的开口，位于头部下方或称腹板一面。就在口部外侧边界处，两边各有一只下颚凸出（图 1-3，B，4）；它们完全位于口腔外侧，宽大的研磨面彼此相对。口部在前方被一片宽大盾状片覆盖，被称为上唇（labrum）（图 1-3，7）；在下颚的正下方，每侧各有一片拉长的肉质裂片，并在口部后侧边界处彼此契合在一起。它们共同构成了后唇（metastoma）（图 1–3B，12），有时也称为下唇。口部之后是一段短而宽的食道，被称为食管（œsophagus）（图 1–7，14），其直接向上导入一个宽大的囊状结构，即胃（stomach），这一器官几乎占据了螯虾头部的整个腔体。螯虾的胃分成两个部分：较大的前房，其下方连接食管开口；较小的后房，为肠的起始处。

在人的胃部，与食道相通的开口被称为贲门（cardia），而与肠相连的部分则称为幽门（pylorus），这些术语也从人体解剖学沿用到了低等动物身上，所以螯虾胃的较大一半被称为贲门部（cardiac division），较小的一半则被称为幽门部（pyloric division）。不过必须记住的是，螯虾这所谓的“贲门部”实际上是胃部离心脏最远处，而不像人那样是离心脏最近处[1]。

食管表面有一层坚硬的外皮，质感类似薄羊皮纸。在口部边缘，可见这一硬质外皮与表皮外骨骼相连；不过在贲门口，这一层皮却扩展开来，形成了整个胃腔的内壁或表皮壁，一直延伸到幽门，并在该处以瓣状凸出物终止。而形成螯虾表皮最外层的壳多糖表皮则内折，构成胃的最内层体壁；其赋予胃极大的结构强度，以至于即使将这一器官移出体外，它也不会垮塌。而且就像外皮表面钙化以形成硬质外骨骼一样，胃的表皮也经钙化或硬化，首先会形成一个我们之前提到过的，非常明显且复杂的器官，也就是所谓胃磨（gastric mill）或食物粉碎器（foodcrusher）；其次还会形成一个过滤器（filter）或称滤网（strainer），负责将食物富含营养的汁液和无营养的硬质部分分开，并使前者进入肠管。

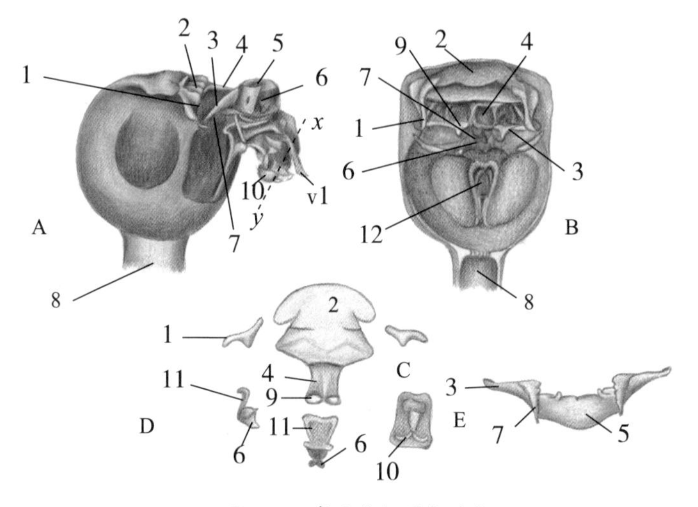

图 2-1　常见螯虾胃部结构

A. 去除了外层覆盖包皮的胃部，左侧视图；B. 去除前壁后的胃前侧视图；C. 彼此分开的胃磨小骨；D. 幽门小骨及中齿，右侧视图；E. 幽门区沿 *xy* 一线的横切面。

1. 胃翅小骨；2. 贲门小骨；3. 接合贲门小骨；4. 贲门中凸起；5. 幽门小骨；6. 中齿；7. 侧齿；8. 食管；9. 上凸面；10. 侧囊；11. 幽门前小骨；12. 贲门 - 幽门瓣。

胃磨始于贲门部的后半部分。此处，在胃上壁可见一条钙化的横向条带（图 2-1，2），其中部与另一条带（图 2-1，4）通过柔软部相连，后者的后部从这一中部位置向后沿中线延伸。于是其整体构成了一个类似十字弓的形状。在第一条带的后方，胃背侧壁内折成囊状；第二条带，或者形象地称其为“十字弓的把手”，则位于这一囊状结构的前壁。第二条带的末端致密、坚硬，其游离面[2]探入贲门腔顶部，凸起为两个椭圆形平滑凸面（图 2-1，9）。还有另一根实心条带（图 2-1，11），通过横向接节与“十字弓把手”末端连接，其在贲门囊的后壁向前方倾斜。与十字弓把手末端交接处凸出一颗有力的红色圆锥形齿（图 2-1，6），这一齿状结构向前弯曲，在顶端分开为双尖；因此，如果我们从这一贲门囊前部观察胃腔体（图 2-1，B），会看到这个双尖的曲齿（图 2-1，6）从凸面（图 2-1，9）后中线位置凸出到腔体内。连接十字弓把手和后部连接条带的接节有弹性。因此，如果把这两个结构拉直，一松手它们就会恢复弯曲状态。这一后部连接条带（图 2-1，11）的上端与第二个平滑横向板相连，后者位于幽门室（图 2-1，5）的背侧壁。目前的整个结构就好像一大一小两把十字弓，“两把弓”的把手末端通过弹性接节固定在一起，并使两把弓的把手之间呈锐角；两个把手形成的曲臂将两把弓的中部合并在一起。但除此以外，两把弓的外端也连接在一起。一条较小的弯曲钙化条带（图 2-1，1）在胃壁中从前方横条的外端向外下侧延伸，其后方较低末端与另一个更大的条带（图 2-1，3）互相接合，后者向上后方延伸，直至后方的，或称为幽门部的横条，并与这一横条接合。从胃内部看，这一条带凸起到胃的贲门腔内，呈一道有力的、略带红色的长条凸起（图 2-1，7），其表面形成一排极为锋利的横脊，从前向后尺寸逐渐缩小，构成一个如同大象臼齿一样的研磨面。因此，在贲门腔的前部被切除后，我们不仅能看到之前提及的中齿，还能在其两侧各看到一排这样的侧齿。

在两排侧齿的下方，还各有一个凸起的小齿。支撑这两个小齿的是一片较宽的板状结构。其内部表面多毛，并融入贲门腔侧壁中。还有其他一些较小的骨架构件，不过最重要的结构就是上文中已描述的部分。这些构件就如同上文描述的那样，构成了一个六边形的框架，其各个角由带韧性的接节连接，前侧边和后侧边通过一个弯曲多节的中部条带连接。由于所有这些部件都是硬骨骼的变形而已，整个装置缺乏自身运行的动力。不过，借助螯虾其他身体部分实现活动所依赖的同一种物质，也就是肌肉，这个装置就能启动。负责运作胃磨的主要肌肉是四束强有力的肌纤维。其中两束附着在前横条，并从此位置向上、向前延伸，固定到头前部头胸甲的内表面（图 1-5；图 1-7）。另两束则固定在后部横条和后部侧边，向上、向后行至头后部以及头胸甲内表面并附着在上。当这些肌肉缩短，或者说收缩时，就会把前横条和后横条彼此拉开。如此一来，两个把手之间的角度也被打开得更大，其末端的齿则向下前方移动。但同时侧边之间的角度也变大，使得两边的侧齿向内收，直到其在中齿前交错，与中齿及对面同样内收的侧齿摩擦。当肌肉放松时，各个接节的弹性让整个装置恢复到初始位置；随后，肌肉再收缩，使得齿结构再次彼此摩擦。因此，通过这两对肌肉的交替收缩、放松，三组齿结构就会不断搅动和研磨贲门腔中的食物。如果我们将螯虾的胃部取出，并将贲门腔前部切除，就可以用一把镊子夹住前横条，再用另一把镊子夹住后横条。

然后轻轻地用镊子往两边拉，模仿肌肉的动作，就会发现三组齿结构像我们描述的那样凑到一起。

机械构造中，涉及运动转换的方式可以说是层出不穷；但真要解决一个问题，比如怎么用一个直线的拉力，来转化成三个点的同步收敛运动，恐怕很难找到比螯虾的胃磨更好的解决方案了。

我称之为过滤器的构造主要由幽门腔的壳多糖内层构成。由于胃壁在这一部分内缩，使得过滤器与贲门腔之间的口已较狭窄，两边还有褶皱阻挡；其下方还有一个表面被毛的圆锥舌形凸起（图 1–7；图 2–2），进一步把这个开口遮住。在幽门腔后半部，其两侧壁向内推挤；在上方几乎在中线部分汇合，只在中间留下一道狭窄的垂直裂缝；而且两侧表面上覆盖的绒毛还在裂缝中彼此交错。不过，在幽门腔下半部，侧壁向外凸出，形成一个向下并向内的垫状表面（图 2–2，13）。如果幽门腔下壁平坦，就会在其下半部打开一个宽阔的三角状通道。但事实上，下壁在中部隆起成脊状，两边则与上方两个垫状表面的形状相合，于是整个幽门部后部腔体缩成了三道中间交汇的狭窄裂隙。从横切面来看，这一裂隙中垂直的一道为直线，两侧的两道呈凹形（图 2–1，E）。侧壁形成的两个肉垫表面覆有致密的短毛。其对应下壁的表面则隆起成纵向平行的脊状，每条脊的边缘生有极细的毛。从贲门囊经此前往肠管的任何物体都必须穿过这一狭窄装置，只要其内壁维持合拢，只有碎得足够细小的固体物质才能避免被截停。

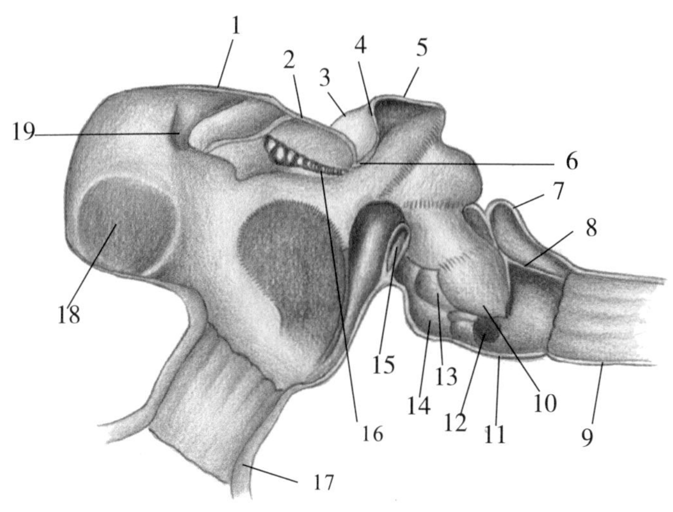

图 2-2　常见螯虾胃部纵切面图

1. 贲门小骨；2. 贲门中凸起；3. 接合贲门小骨；4. 幽门前小骨；5. 幽门小骨；6. 中齿；7. 盲肠；8. 中幽门瓣；9. 后食道；10. 侧幽门瓣；11. 中食道；12. 右胆管开口；13. 垫状表皮；14. 侧囊；15. 贲门－幽门瓣；16. 侧齿；17. 食管；18. 胃石位置；19. 胃翅小骨。

最后，在幽门囊通往肠管的开口处，壳多糖覆盖层以五个对称分布的凸起为终止。这些凸起的排列方式令其起到阀门作用，在允许物体经此通道进入肠管的同时，防止肠管内容物突然回流到胃部。这些瓣状凸起中的一瓣位于上方中线处（图 2-2，8）。其比另几瓣略长并下凹。至于侧边的凸起，则是两侧各两瓣，呈三角形，表面平坦。

需要注意的是，不要把构成上述那些结构的壳多糖内层和真正的胃壁搞混，前者是覆盖在后者上方的，且由后者形成，就好像表皮的硬质覆盖层是由下方的柔软真皮组织生产的一样。真正的胃壁是一层柔软的白膜，包含各个方向排布的肌纤维。在幽门之后，这层膜与肠壁汇合。

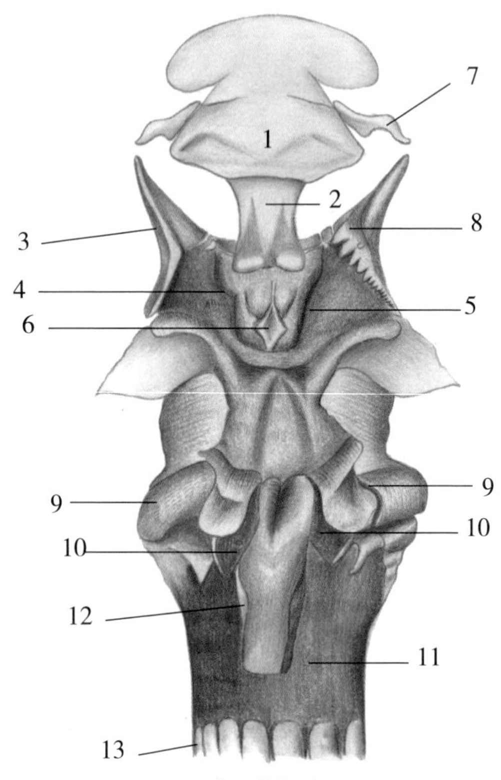

图 2-3　常见螯虾胃顶视图

1. 贲门小骨；2. 贲门中凸起；3. 接合贲门小骨；4. 幽门前小骨；5. 幽门小骨；6. 中齿；7. 胃翅小骨；8. 侧齿；9. 侧囊；10. 侧幽门瓣；11. 中食道；12. 中幽门瓣；13. 后食道。

上面提到过，螯虾的肠是一条细长薄壁的管道，几乎以不变的形态直接穿过躯体，只是在接近肛门处略宽，肠壁略厚。紧接幽门瓣后方的肠壁表面光滑柔软，其下壁上有一个较大的开孔，两侧胆管（图 2-2，12）在此终止。其顶壁则向外挤出，形成一个中等大小的短囊，或称盲肠（caecum）（图 2-4，11）。在这之后，肠壁特性迥然不同，几片覆有壳多糖外层的方形凸起物将肠腔围住（图 2-2）。每一片凸起上均隆起一道纵脊，对应肠壁的一个内折，并以略微螺旋扭曲的方式延伸到末端（图 2-4，19）。每一道脊上均分布有细小的乳状凸起。这一壳多糖内层覆盖整个肠管直至肛门，并在肛门处与外皮壳多糖层汇合，就与胃部内层延伸到口部，并与口部外皮层汇合一样。所以，整个消化道可以分为前食道、中食道（图 2-4，26）和后食道（图 2-4，19）三段。其中，前后食道均覆盖有较厚的内表皮层，但中食道极短，不覆盖厚表皮层。当我们讲到消化道的发育时，逐步回想起这一区别就很重要了。

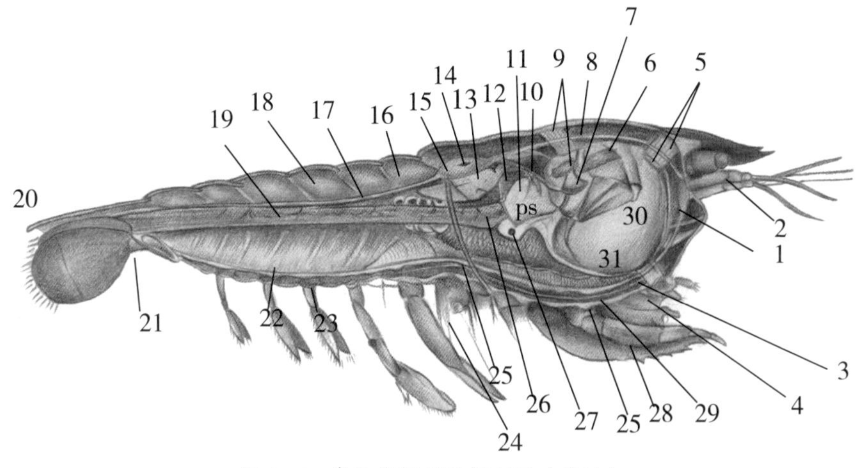

图 2-4　常见螯虾侧面解剖图（雄性）

1. 食管上神经节；2. 右小触角；3. 食管；4. 左下颚；5. 胃前部肌肉，右侧切至插入部位；6. 右贲门 - 幽门肌；7. 胃动脉；8. 眼动脉；9. 胃后部肌肉，右侧切至插入部位；10. 大触角动脉；11. 盲肠；12. 肝动脉；13. 精巢；14. 心脏右侧开孔；15. 心脏；16. 左输精管；17. 上腹动脉；18. 腹部伸肌；19. 后食道；20. 尾节；21. 腹末神经节；22. 腹部屈肌；23. 下腹动脉；24. 左输精管口；25. 胸直动脉；26. 中食道；27，右胆管开口；28. 左外颚足；29. 食管下神经节；30. 胃贲门部；31. 胃收缩肌。

如果食物在螯虾消化器官里所经受的只是单纯的机械加工，那对这部分机制的描述也就到此为止了。但是，为了让这些营养物质得到利用，通过化学变化最终转变为完全不同特性的物质，它们就必须从消化道进入血液中。而且营养物质只有穿过消化道壁才能实现这一点。为此，它们要么处于一种极其细致的粉末状态，要么就必须变为液态。对于脂类物质，分解成极细的微粒状就可以了，但是淀粉和不可溶的蛋白质混合物，比如肉类中的纤维蛋白，就必须转化为溶液状态。因此，必然有一些物质会被注入消化道中，与磨碎的食物混合，并充当某种化学试剂的作用，把不可溶的含蛋白质食物分解，将淀粉转化为可溶性的糖，并将所有蛋白类物质转化为可溶形态，即蛋白胨（peptones）。

此处所表明的过程被统称为消化（digestion）。这一过程在螯虾体内的细节直到最近才得到了仔细研究，而且对此我们可能还有许多尚待了解之处，目前已被我们所知的部分也是相当有趣的，也证明了螯虾与高等动物之间在这方面存在巨大差异。

生理学家把那些功能为制造并释放特殊性质物质的器官称为腺体（glands），它们所合成的物质被称为分泌物（secretion）。一方面，腺体与血液相关，它们从血液中获得各种材料并将其转化为分泌物特性的物质；另一方面，它们都直接或间接地通入一个游离面，以便把形成的分泌物注入其中。

螯虾的消化道就有这样一对腺体，尺寸上不是很大，但因为黄色或棕色的外观颇为显眼。这两个腺体位于胃部与肠前部下方的两侧，与高等动物的肝脏和胰脏位置对应，将分泌物注入中食道部位。到目前为止，这对腺体均被称为肝脏（liver），尽管它们的分泌物作用更类似高等动物的胰液而非胆汁，不过这个名称应该还是会保持不变。

每个肝脏均由数量众多的短管构成，称为盲管，其一个末端封闭，另一端朝向一根总管道敞开，称为肝管（duct）。肝脏大致可分为 3 个叶片：前叶、侧叶和后叶；每个叶片都有其主肝管，组成肝脏的所有管道都通入其中。三根肝管随后合并成一根较宽的总管，在幽门瓣的后方开口，并入中食道下壁。因此，如果我们将消化道这部分从上方剖开，就可以看到其两侧各有一个肝管开口。肝脏的每根盲管都有一层较薄的外壁，其内侧覆有一层细胞，称为上皮（epithelium）。在肝管开口处，这些上皮细胞转变为一层相似结构，沿中食道分布，并在壳多糖外皮下方贯穿整个消化道。因此，肝脏也可被视为中食道一个分化程度较高的侧囊。

上皮由有核细胞（nucleated cells）构成，这些细胞是简单原生质（protoplasm）形成的微粒，在每个细胞中部有一个圆形体，称为细胞核（nucleus）。这些细胞正是分泌物的形成位置所在，其特定功能便是形成分泌物。为此，它们会在盲管顶端不断持续重新生成。随着这些细胞的生长，它们沿肝管向下移动，同时分离到肝脏内部形成特定产物，其中可见明显的黄色脂质液滴。这些产物完全形成

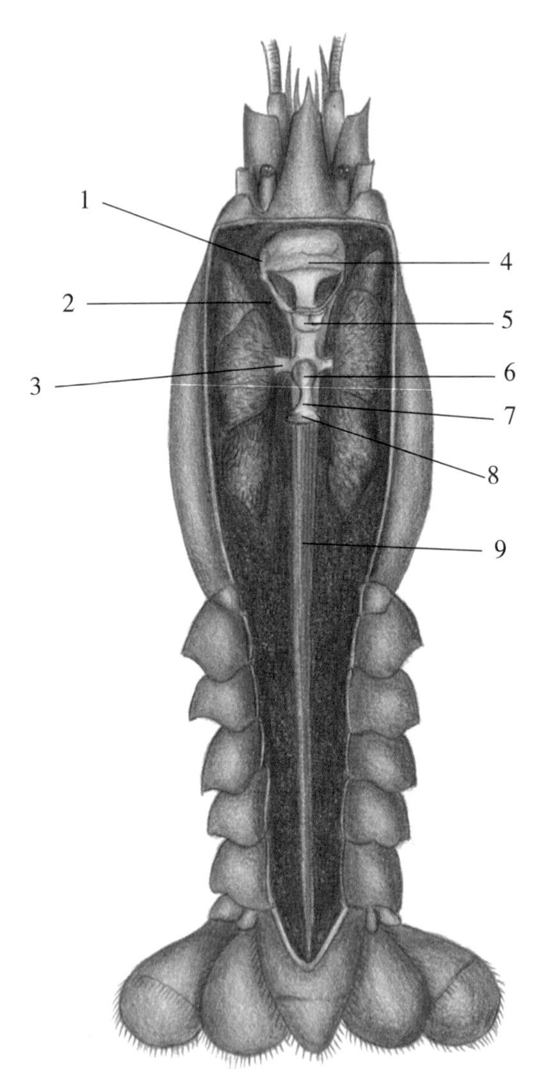

图 2-5 常见螯虾消化道和肝脏视图

1. 胃翅小骨；2. 接合贲门小骨；3. 胆管；4. 胃贲门部；5. 胃幽门部；6. 盲肠；7. 中食道；8. 分隔中食道和后食道的脊；9. 后食道。

时，细胞残留物质完全溶解，以黄色液体形式积累在肝管中，并被排放到中食道。液体所带有的黄色是因为脂肪液滴的缘故。在盲管顶端的年轻细胞中，这种液滴要么不存在，要么极微小，因此这部分呈现无色。但往下，细胞中开始出现黄色液滴，越往中下部分，液滴就越变越大，越变越多。事实上，很少有腺体能比小龙虾的肝脏更适合用来研究分泌物的产生。

既然我们已经解释了这台消化机器的总体结构，那么现在是时候看看它到底是如何开动运行的。

已经被颚部撕开和碾碎的食物随后穿过食管进入到胃贲门囊中，在那里，这些食物在胃磨的作用下变成更加松软的泥状。逐渐地，食物中柔软多汁的部分通过幽门处的过滤器流入肠中，粗糙、无用的部分可能被口部吐出，就像老鹰或猫头鹰会吐出食物残渣一样。尽管还不能确定，但我们有理由相信，食物在被磨碎的过程中，会与来自肠道的消化液混合，并将淀粉和不溶性蛋白质复合物转变为可溶状态。无论如何，一旦通过过滤器的液体进入中食道，它就势必与肝脏的分泌物混合，其作用可能与高等动物的胰液相似。

如此作用下产生的混合物类似于高等动物消化过程中的乳糜，其穿过肠道，大部分通过消化道壁吸收到血液中，其余则在后肠中积聚，形成深色的粪便，并最终被肛门排出体外。螯虾的粪便排泄物量很少，说明胃部的过滤器十分高效，以至于粪便中几乎不含较大尺寸的固体颗粒物。不过，有时候粪便里也会有不少植物组织的微小碎片。

食物中的营养成分如今已溶入血液中，成为后者的一部分。血液本身是一种清澈的液体，呈无色，或者是浅灰色或微红色。用肉眼看的话，就和水差不多。不过，如果把螯虾的血液放到显微镜下检查一番，会发现里面有无数灰白色的固体微粒，或可称为血细胞（corpuscles），如果检查的是新鲜血液，那么这些血细胞还会不断改变形态（图 2-6）。事实上，这些细胞和我们自己血液中的无色血细胞非常相似。螯虾的血液，就其一般特征而言，就和我们的血液被滤除红细胞后差不多。换句话说，它更类似于我们的淋巴液，而不是我们的血液。如果放置不管，这种血液很快就会凝结，形成相当紧密的凝块。

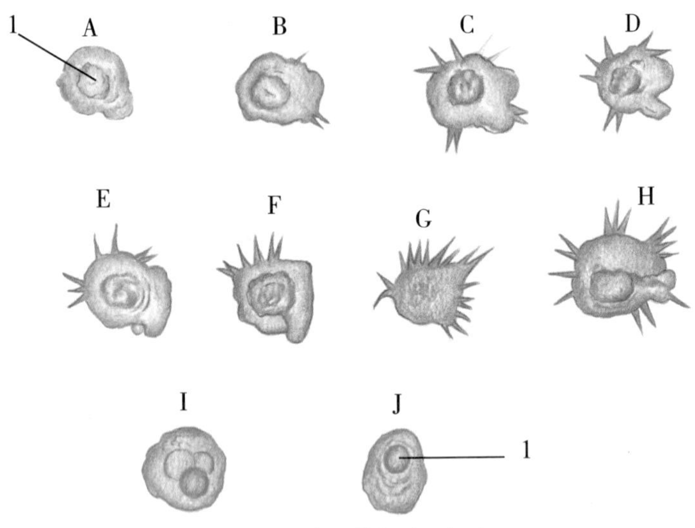

图 2-6　常见螯虾的血细胞

A—H 所示为单个血细胞在 15 分钟内发生的变化；I、J 为被品红杀死，且细胞核被染色物质深染的血细胞。

1. 细胞核。

血窦，也就是包含大部分血液的腔，以极不规则方式分布于内脏器官的间隔之中。在胸部腹侧或腹板侧，有一个特别大的血窦（图 2-7，23），螯虾身体所有血液都要流经此处。循着这一胸窦（sternal sinus）通路（图 2-7，5）可至鳃部，从此处又有六根血管（图 2-7，8）从每个鳃腔内壁的内侧向上进入一个位于胸部背侧的腔体，并在这一腔体中开口，其称为围心腔（pericardium）（图 2-7，12）。

螯虾的血液通过一套泵和分布装置维持持续的循环流动。这套装置由心脏（heart）和动脉（arteries）组成，从心脏和动脉分出大大小小的分支，遍布整个身体，并以通入血窦为终点，相当于高等动物的静脉。

在我们把螯虾的头胸甲从颈沟后侧中部区域移除，也就是去除胸部的背侧板后，可见到一个充满了血液的宽大腔体。这就是之前提到的围心腔（图 2-7，12），不过它在某些方面和高等动物体内的同名结构不太相同，所以最好改称围心窦（pericardial sinus）。

心脏（图 2-7，13）就位于围心窦中。心脏是一个厚壁肌肉组织（图 2-8），从上方看呈不规则的六边形轮廓。六边形一个角朝前方，另一个朝后。六边形的侧面角通过几束纤维组织与围心窦壁相连。若非如此，心脏就不能固定位置，除非从心脏导出并穿过围心窦壁的动脉，对它也有固定作用。这几条动脉中的一条始于心脏后部，形似心脏的膨大、延伸，其沿腹部中线，在肠的上方穿过腹部，并分出许多分支血管。第二根大动脉也和上一根一样，起始于心脏后部膨大处，但是直接向下，从肠的左侧或右侧

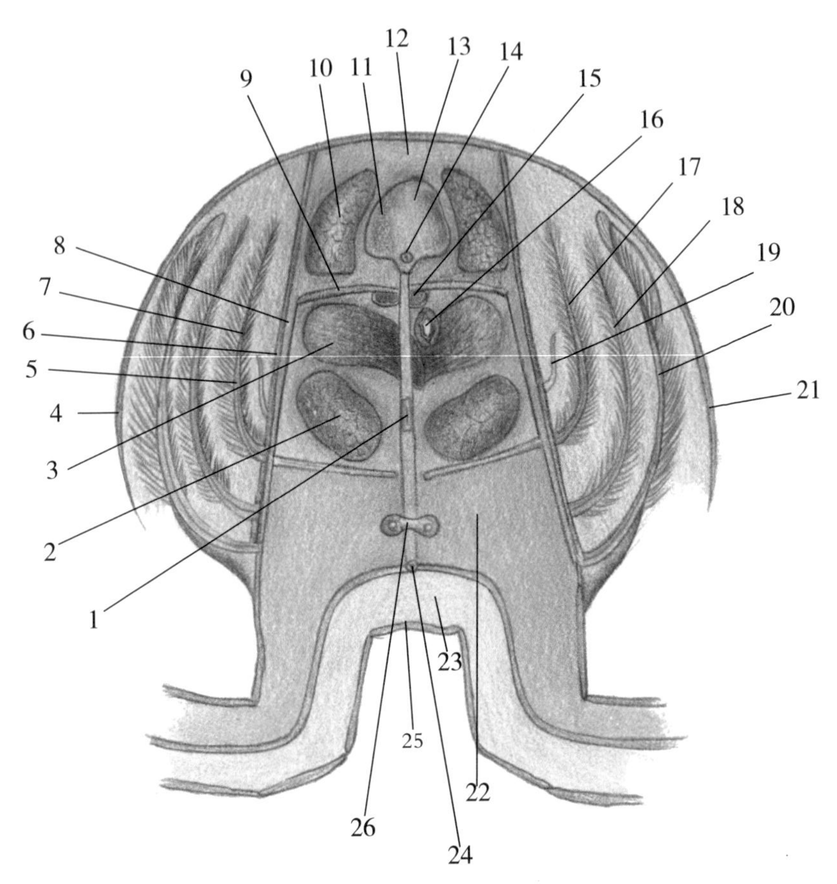

图 2-7 常见螯虾胸腔横切面图

1. 胸直动脉；2. 腹部屈肌；3. 肝脏；4. 鳃盖；5. 入鳃血管；6. 胸腔后侧壁；7. 出鳃血管；8. 鳃心静脉；9. 围心腔下壁；10. 腹部伸肌；11. 心脏侧面带瓣膜开孔；12. 围心窦；13. 心脏；14. 上腹动脉；15. 精巢；16. 后食道；17. 后侧或上侧关节鳃；18. 第 12 体节前侧或下侧关节鳃；19. 第 12 体节的侧鳃；20. 第 12 体节的足鳃；21. 鳃盖；22. 胸管侧边界的中膜；23. 胸管；24. 下腹动脉；25. 第 12 体节的腹板；26. 第五胸神经节。

穿过神经索（图 2-4；图 2-7）。在这里分为前（图 2-4，25）后（图 2-7，24）两个分支，两分支均位于神经索下方且与神经索平行。第三条动脉从心脏前端向前沿中线从胃上方穿过，到达眼部及头前部（图 1-5；图 2-4；图 2-8）。另外两条动脉则从第三条动脉的两侧分出，绕过胃部到达大触角（图 2-8，1）。在这几条动脉后面，还有两条动脉从心脏下侧分出，为肝脏供血（图 2-8，3）。所有这些动脉都会生出分支，并终止于极细微的分支血管，也就是毛细血管（capillary）。

在心脏背侧壁上，可见两个椭圆形开孔，开孔带瓣膜（图 2-8，5），孔朝内开，或者说朝心脏内腔室开。在心脏两边侧面也各有一个类似开孔（图 2-8，10），还有两个位于底面（图 2-8，9），所以一共有 6 个开孔。这些开孔允许液体流入心脏，但不允许反向流出。另外，在动脉的起始处，也有小的瓣状褶皱，其排布方式允许血液流出心脏，但不允许其流入。

心脏壁由发达肌肉构成，只要螯虾还活着，心脏就会以一定的间隔时间有规律地收缩搏动。这种收缩会减少心脏内腔的容量。其结果就是心脏内的血液被泵入动脉，再把动脉中已有的血液推到更小的分支血管中。从长期看，会有同样数量的血液从毛细血管中渗出并进入血窦。由于血窦的特点，推动血液的搏动会把血窦中含有的血液最终送往鳃部，然后其中会有一定比例的血液离开鳃部，并进入与围心窦相连的血窦中（图 2-7，8），并由此进入围心窦。在这一被称为心缩（systole）的心脏收缩过程结束时，

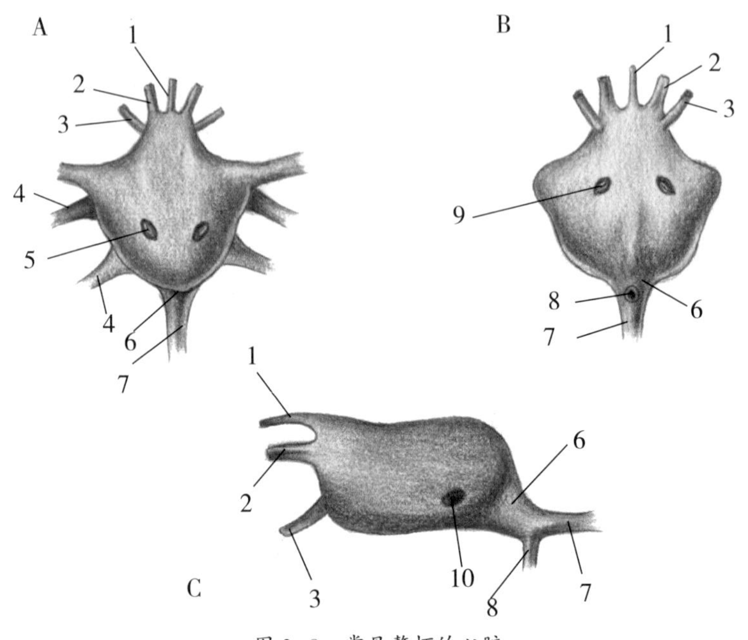

图 2-8　常见螯虾的心脏

A. 心脏俯视图；B. 心脏仰视图；C. 心脏左视图。

1. 眼动脉；2. 大触角动脉；3. 肝动脉；4. 心翅，连接心脏与围心窦的纤维束带；5. 心脏背面带瓣膜开孔；6. 胸直动脉起始处的球状膨大；7. 上腹动脉；8. 胸直动脉；9、10. 心脏侧面带瓣膜开孔。

心脏容量显然因为排出血液量而减少，但心脏与围心窦壁之间空间的容量却以相同程度增加了。不过，这个多出来的空间马上就被从鳃部过来的血液占据了，其中可能还有一些血液没有流经鳃部，不过这一点还不能确定。心缩结束时，紧随其后的就是心舒张（diastole），也就是心脏壁的弹力及其与围心窦相连的各部分产生的拉力会让心脏恢复到之前的大小，于是围心窦中的血液会通过 6 个开孔流入心腔中。然后又是新一轮的心缩，如此周而复始，让血液得以在螯虾身体各个部分循环不息。

可以看到，螯虾的鳃位于血液流回到心脏的通道上。这和鱼类的情况恰恰相反，后者的血液是从心脏流到鳃部，再流到全身各处的。在这一布局下，流经鳃部的血液和心脏中的血液相比，其中氧气的含量已经减少，二氧化碳的含量则增加。因为所有器官，尤其是肌肉的活动都不可避免地需要吸收氧气并将其转化为二氧化碳。这些器官可以从中获得氧气，并向其中排出二氧化碳的途径，就是经由动脉浸润弥漫到整个身体组织的血液。

因此，血液抵达鳃部时已经失去了其中的氧气，取而代之的是二氧化碳。所以，这些器官一方面构成整个身体系统中的有害气体排出装置；另一方面也负责摄入机体所需的，被老一辈化学家称之为“至关重要的空气”的气体。这也正是鳃部对呼吸功能起到的作用。

螯虾的每个鳃室中有 18 个功能完全的鳃和 2 个未发育完全的鳃，鳃室的边界之前已经介绍过了。

在 18 个完全鳃中，有 6 个附着于胸部足肢（从倒数第二对到第二颚足）的基节上，称为足鳃（podobranchiae）（图 1-4；图 2-9，A、B）；11 个固定于可活动的关节间膜上，称为关节鳃（arthrobranchiae），这些膜将足肢基节和胸部对应交接处连接起来（图 1-4；图 2-9，C）。在这 11 个鳃中，6 个两两附着于除最后一对步足之外各对步足的关节膜上；4 个附着于一对螯钳和一对外颚足的关节膜上；还有 1 个附着于第二对颚足的关节间膜处。第一对颚足和最后一对步足则没有鳃附着。此外，当两个关节鳃并排时，其中一个或多少更靠前、靠外侧一点。

这11个关节鳃在结构上非常相似（图2-9，C）。每个鳃都有一道轴，轴上面含有两根血管，一根在外，一根在内，由一个纵向隔板分开。鳃轴上生出大量纤细的鳃丝（branchial filaments），让鳃整体看上去像是一支上窄下宽的羽毛。每条鳃丝都有大血管穿入，并在鳃丝表皮下分散成网络状。进入鳃轴外部血管的血液（图2-7，5）最后流回内部血管（图2-7，7），而这些内部血管又和通往围心窦的血管相连。这一过程中，血液会穿过鳃丝，每根鳃丝的外皮层由极薄的壳多糖膜构成，这样一来，鳃丝中的血液和鳃周围充盈空气的水流之间只隔了一层薄膜。所以，很容易就能发生气体成分的交换，摄入氧气而排出二氧化碳。

螯虾的6个足鳃作用是一样的，只是在结构的细节上与关节鳃很不相同。每个足鳃有一个宽大的基节（base）（图2-9，A、B），上面生有许多纤细的毛，或称刚毛（seta），基节上还生出一条较窄小的轴（图2-9，2）。这条轴的上末端分成两部分，前面的是羽状部（图2-9，7），和之前提到的关节鳃自由端相似；后面则是叶状部（图2-9，1），为一片宽大的薄片，其沿纵向弯折，折边朝前，表面覆盖着带有微小倒钩的刚毛。位于后方的鳃会被收入这一折叠的叶状部两片折叶中间的区域内（图1-4）。每片折叶在纵向上又折出十几个褶。鳃轴的整个前侧和外侧面生有鳃丝。这里，可以把足鳃和之前所说的关节鳃做个比较，会发现足鳃的轴有所变化，从内后侧长出了一大片折叠的叶状部。

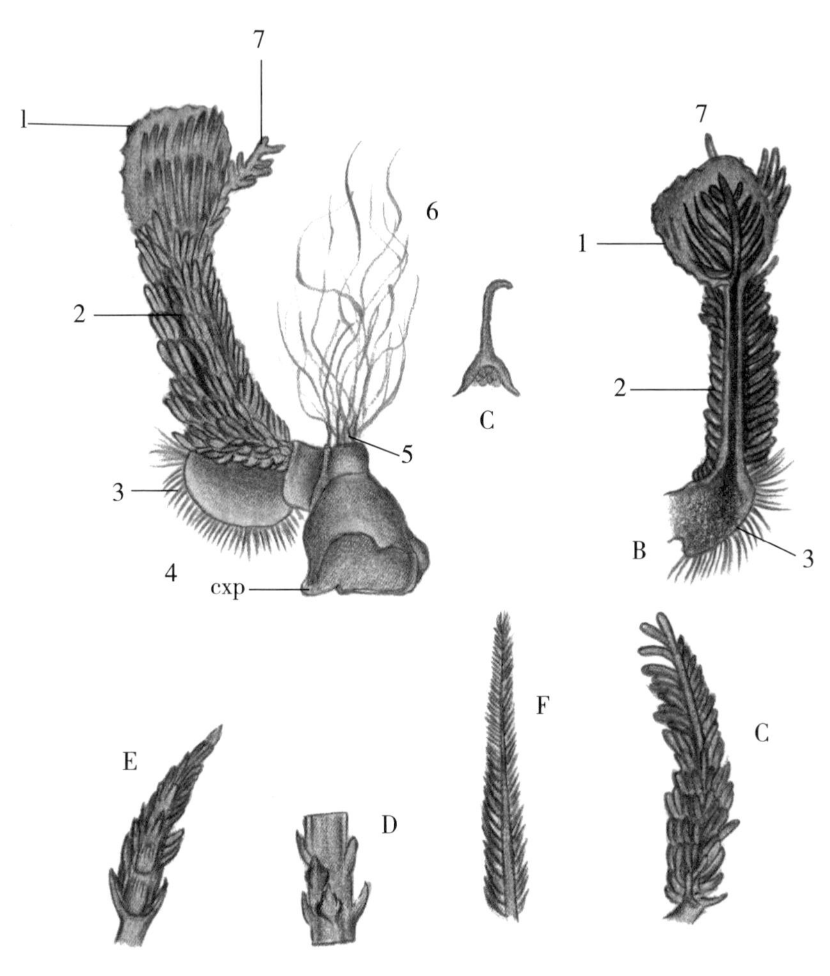

图 2-9　常见螯虾足鳃部结构

A. 一个足鳃的外侧视图；B. 同一足鳃的内侧视图；C. 一个关节鳃；D. 基节刚毛的一部分；E. 同一根刚毛的末端；F. 足鳃基部刚毛的末端；G. 叶状部上的带倒钩刚毛。

1. 叶状部；2. 足鳃轴；3. 足鳃基部；4. 基节；5. 基节上凸起，刚毛附着处；6. 基节刚毛；7. 羽状部。

这里所说的这些鳃，以 3 个为一组，附着于从第三对颚足到倒数第二对步足的每一对胸部附肢上（共 5 对），还有 2 个附着于第二对颚足上，所以一共是 17 个。在每两个鳃之间，还有一束长长的、卷曲的毛，附生在每条足肢基节的一个小凸起（图 2-9，5）上，称为基节刚毛（coxopoditic seta），其作用是防止寄生虫及其他异物侵入鳃室。由于足鳃所采取的附生方式，很明显，腿部基节的运动也会带动到它们，所以当螯虾行走时，这些鳃肯定会在鳃室内摇摆、晃动。

第 18 个鳃在结构上和那 11 个关节鳃很相似，不过更大，而且它既不附着于最后一对胸部足肢的基节，也不连着关节膜，而是附着于胸部侧边的关节上方。这种附生方式与其他鳃不同，因此得名侧鳃（pleurobranchia）（图 1-4，13）。

最后，在这个鳃的前面，在前两对步足上方的胸壁上还各附着一根细丝，长度只有约 0.0625 英寸，其结构和鳃丝的结构相同，实际上这就是未发育完全的侧鳃（图 1-4，20、22）。

不过，在鳃室内，如果将鳃占据的空间排除掉，剩余空间内充斥的水量是很少的，但鳃部带来的呼吸表面相对这点水量来说是非常大的，这样一来，这些水里含有的空气肯定会快速耗尽，即使螯虾静止不动，只要用到肌肉，就会产生二氧化碳，而且对新鲜氧气的需求量也会立即增加。因此，要高效实施呼吸功能，鳃室内的水就必须快速更换，也就必定要有一些构造能让新鲜水流得以源源不断地流入，以满足机体需求。在许多动物中，进行呼吸作用的表层会覆有快速摆动的细丝，或称为纤毛（cilia），通过纤毛的摆动，可让水流持续流过鳃部，不过螯虾并没有此类结构。但它以另一种方式达到了相同的目的。鳃室的前部边界与颈沟相对应，如前所述，颈沟先向下弯，然后向前弯，在口部空间的两侧终止。如果我们沿颈沟把鳃盖剪开，会发现它是附着在头部两侧的，并稍稍凸出于胸前部，所以头部侧面后方会内折，就好像人的下巴在颈侧内折一样。在这一前部的内折、内部的胸壁、外部的鳃盖以及下部螯钳和外颚足基部之间的位置上，有一根弯曲的管道，这是鳃室向前方的开口，整体类似一个漏斗。在螯虾第二对小颚的基部附生有一对宽大的曲片（图 1-4，6），与头部的凸出部分相倚，之前我们把头部侧面的内折比喻为人的下巴，那么这个凸出部就类似于衬衫的领子。它的凹面向前，凸面向后，整体呈勺状，被称为颚舟叶（scaphognathite），可以前后摆动。

如果我们把一只活的螯虾从水里取出，就会发现，随着水从它的鳃腔排出，腔的前端开口会冒出气泡。此外，如果一只螯虾在水里休息时，我们在它的鳃室后方开口处加一点染色的液体，这些液体会很快被一股相当大的力量从鳃室前方开口射出，形成一道很长的水流。实际上，随着颚舟叶以不低于每秒三四次的速度摆动，鳃室漏斗状前开口中的水会被不断排出；而且新鲜水流自然从后方流入以弥补空缺，于是鳃便可以获得持续的水流冲刷。这一水流的缓急自然取决于颚舟叶摆动的速度快慢；因此，呼吸功能的活跃度就可以根据机体的需求而准确调节。颚舟叶摆动较慢时，就好比我们平时的呼吸；摆动较快时，就像我们在大口喘息。

通过附着在腿部基节上的6个鳃，还可以对呼吸器官进行进一步的自我调节。因为当螯虾用这些步足行走时，这些鳃也会受肌肉带动而摇摆。此举不仅能够增加它们与水体的接触面，而且还能对旁边的鳃产生相同的作用。

在螯虾身体各个部分持续进行的氧化反应不仅会生成二氧化碳，而且只要其涉及蛋白质成分，就会产生含氮化合物。这些物质也必须像其他废弃产物一样排出。在高等动物中，这些代谢废物以尿素、尿酸、马尿酸之类的形式存在，并由肾脏负责排出体外。因此，我们可以看看在螯虾体内，是不是也有器官扮演着类似肾脏的作用。不过，当我们真找到螯虾身上被认为行使肾脏功能的器官时，却发现其位置实在是有点奇怪，以至于人们对它的功能曾有截然不同的阐释。

在螯虾每对大触角的基节上，可以很容易地看到一个小圆锥形凸起，顶部内侧开有小孔（图2-10）。这一开孔（图2-10，6）由一根短管导入一个宽大且壁极薄的囊状物（图2-10，3）中，这个囊状物位于头前部，胃贲门区（图2-10，7）的下前方。在囊的下面，与口上板和大触角基节对应的凹陷处，有一个呈暗绿色的盘状物，形状有点像锦葵的果实，这就是绿腺，也叫触角腺（green gland）。刚才说到的囊状物上宽下窄，像一个宽漏斗，其小口边缘和绿腺壁汇合，形成一个开口，并通向囊状物内部。这样绿

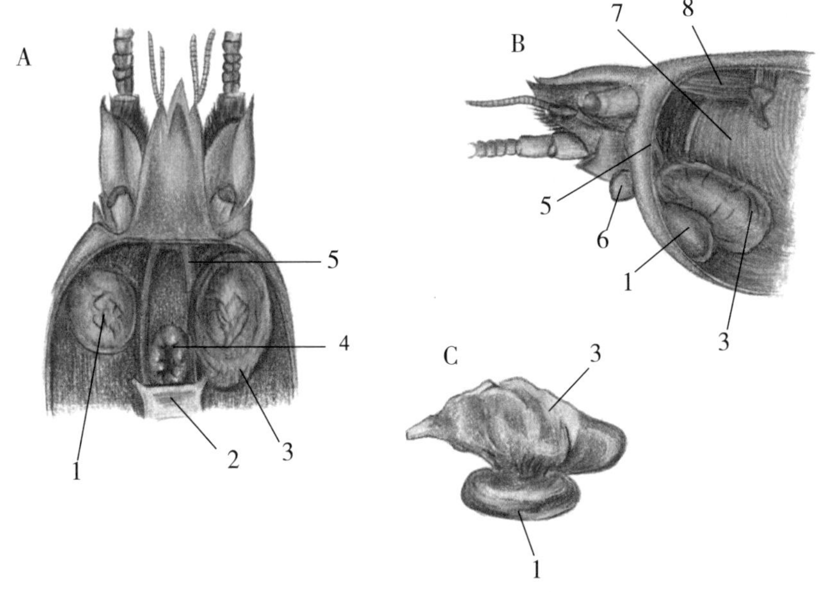

图 2-10　常见螯虾的绿腺

A. 身体前部，头胸甲背部被移除，以显示绿腺位置；B. 身体前部，头胸甲左侧被移除；C. 从身体中取出的绿腺。

1. 绿腺；2. 下颚间片，或称头皮内突；3. 绿腺囊；4.A 中为横切面，胃部被移除；5. 食管周接合束；6. 从大触角基节上开孔穿入囊中的刚毛；7. 胃贲门部；8. 左胃前肌。

腺的产物就会送入这个囊中，然后被大触角基节凸起的开口排出体外。据说绿腺含有一种被称为鸟粪素（guanin）的物质，之所以叫这个名字是因为它是从鸟粪石（guano），也就是鸟类粪便的堆积物中发现的。这是一种在某些方面类似于尿酸的含氮物质，只是氧化程度较低。如果实情确是如此，那绿腺无疑就是螯虾的肾脏，其排泄的是尿液，那个囊就是螯虾的膀胱。

如果把目光仅聚焦于我们在上文中描述的各种现象，

那么在螯虾生命中的某一阶段，其身体就可以被视为一个工厂，有各种类型的机械装置。通过这些装置，可以帮助螯虾将它们从各种动植物食物来源中提取出特定的含氮化合物及其他物质，并经过处理，以二氧化碳气体、鸟粪素及其他我们目前尚不熟悉的产物形态排放到工厂外。毫无疑问，如果能准确地对排出产物的总量与摄入材料的总量进行称重，会发现两者的质量是大致相同的。以宏观角度看待这一问题，可以说螯虾的身体是一种特定物质微粒的汇集体，这些微粒在其身体内活动一段时间后，再以新的组合方式排放出去。人们常用水流中的旋涡和生物体进行类比，因为两者的相似之处令人惊叹。旋涡是持久不变的，但组成它的水粒子却是不停变化的。从旋涡一边进入的水，会短暂构成旋涡的一部分；然后随着这些水从另一边离开旋涡，其位置又被新涌入的水替代。

在尼亚加拉瀑布下游，从瀑布中奔流而出的急流被迫突然转向安大略湖处，有一个让看过的人一眼难忘的大旋涡。其波浪层层叠叠，翻涌不息，宛如永不衰竭的涌动能量的具象化身。然而，尽管旋涡的边缘轮廓浪涌变化，绝不停息，但旋涡本身已经在相同的位置，以同样的形式存在了几个世纪之久。从 1 英里[3]外远望，这旋涡就像一座静止不动的水丘。直到靠近观察，才会发现它其实是物质粒子快速冲击造成的涌动。

以我们目前的观察设备，自然还不能隔开几英里观察一只螯虾。如果我们能，那会看到什么？无非是类似于一个物质粒子组成的旋涡常态，这些粒子持续从螯虾的一端进入其身体，然后从另一端被排出。

螯虾体内发生的化学变化，毫无疑问和其他化学变化一样，伴随着热量变化。但其产生的热量太小了，由于螯虾所生活的环境条件，这些热量会很快被带走，因此基本上是难以察觉的。螯虾的体温和周围的环境介质大致相同，因此被归为冷血动物。

但如果我们对一只被加以良好喂养的螯虾的营养补给过程给予更长时间的观察，比如一两年后，就会发现，其排出产物和摄入产物不再等量，两者的差额就是螯虾体重增长的数量。如果我们进一步追究这一富余差额的分配状况，就会发现，其一部分以脂肪的形式进行储存；另一部分则用于扩增设备，扩建工厂。也就是说，为螯虾的生长提供了原材料。这也是这座“生物工厂”与我们人类所建造的工厂最明显的不同之处：它不仅能够自我扩张，而且正如我们所见，还能在极大程度上进行自我修复。

---

[1] 英语中“胃贲门”和“心脏的”在解剖学中均用“cardiac”指称，在高等动物体内贲门为胃部最接近心脏的一端。

[2] 生物体构造中，朝向体表或体内管、腔、囊，不与其他组织器官相接触的一面，称为游离面。

[3] 1 英里≈ 1.6 千米

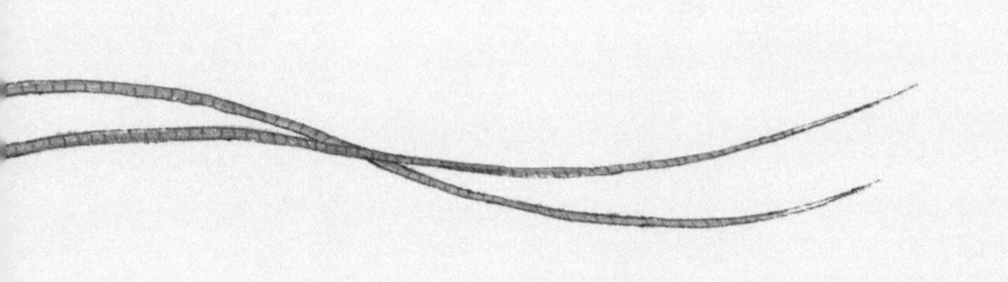

第 三 章

常见螯虾的生理学

——生物体根据周围环境进行自我调节和繁殖的机制

如果一只螯虾身处一个盛满水的大盆中，可以随意游动，那么当我们把手探向它时，它通常会用尾扇猛地一扇，借此飞速后退不让我们抓住。但是，如果我们把一片肉轻轻放进盆里，那螯虾迟早都会扑上来把肉吃掉。

如果我们问：螯虾为什么用这种方式行动？大概每个人心中都有现成的答案。在前一种情况下，人们会说这种动物会感知到危险，然后迅速远遁；在后一种情况下，是因为它知道肉吃起来味道好，所以走过来饱餐一顿。难道还有比这更简洁、更令人满意的回答吗？可当我们试图去具体考察这些情景的时候，才发现这种解释虽然简洁，但却很难称得上令人满意。

例如，当我们说螯虾“感知到危险”或“知道肉吃起来味道好”的时候，我们所说的“感知”和“知道”到底是什么意思呢？当然，这显然并不是说螯虾会像我们一样自言自语或暗自嘀咕“这个很危险”“那个很不错”。因为螯虾不会说话，不管是对自己还是对其他生物。如果螯虾并不能掌握充分的语言来构建自我主张，那么显然它的行为也根本不可能由某种逻辑推理过程主导，像人类在类似行为中所做的那样。螯虾肯定不会先构思一个三段论，即

“危险的东西要避开，人手是危险的，所以要避开人手”，然后再根据合乎逻辑的结论去行动。

但是我们可以说，孩子们在学会使用语言之前，包括我们在熟悉了有意识推理之后的很长一段时间里，也会无意识地实施着各种完全理性的行为。孩子在学会说话前，就会用手抓甜食，或是在大人摆出威胁姿态后把手缩回去；任何人如果发现脚下有坑都会后退，发现地上有宝就会弯腰去捡，这些动作完全“不假思索”。毫无疑问，如果螯虾有任何智力，那它的心智活动肯定或多或少和人类思维活动中无须口头或非口头语言体现的那部分活动相似。

如果我们对此加以分析，会发现在很多情况下，是先有想要做某事的明确欲望，后有可直接感知的感觉，然后付诸行动。在一些情况下，行为是跟着感觉而来的，不需要意识到其他心理过程。还有一些情况，连感觉的意识都没有浮现过。比如，在我写下这最后几个词的时候，尽管我的手指在操纵笔杆实施极为复杂的移动，但我对握笔或者引笔的感觉没有哪怕一丁点的意识。此外，动物实验已证明，身体为应对各种外部状况而做出的组合动作，可以不需要意识作用。

基于这些情况，“螯虾是不是有智力”仍是个悬而未决的问题。而且这个问题实属无解，因为除了螯虾自己，谁还能就这种动物是否有意识给出一个确定的答复呢？最后，即使我们假设螯虾有智力，也不足以解释其行为，只是表明在它完成自己行为的过程中所伴随的某些现象与我们自己在相同情况下所意识到的类似而已。

所以，我们不妨先把螯虾智力的问题搁置一边，转向对我们更有收益的一项探究，也就是探究动物所处环境中所发生情况与螯虾对此所做出反应，这两者之间的一连串物理现象的先后顺序和连贯方式究竟是什么样的。

不管这种动物是什么，有没有智力，只要它能够和周围物体发生互动，那么它就是一个生物机器。当它受到特定外部条件的影响，其内部构造就会实施特定的行动。之所以如此，只是由于彼此的物理性质与相互联系。

身体或身体任何器官的每一次活动，都可以归于同一原因，那就是肌肉收缩。不管螯虾是游是走，是动触角还是抓猎物，引发或构成这些动作的某一身体部分的移动的直接原因都是：附属于这部分躯体的肌肉发生了变化。构成所有移动的基础是位移，这正是一块或多块肌肉内分子构象的改变所引起的。这一移动的方向则取决于各部分骨骼以及依附于其上的肌肉的连接方式。

螯虾的肌肉是一种致密的白色物质；如果我们从其中取出一小部分进行检验，会发现这种肌肉很容易分解成为彼此基本平行的细小纤维集束。这些纤维的每一条都包裹在纤薄的透明膜中。这层膜称为肌纤维膜（sarcolemma），其内部便是真正的肌肉质。如果螯虾足够鲜活，其肌肉质就是柔软和半流体的，不过在其死后，肌肉会立即硬化、凝结。

如果在此条件下用高倍放大镜检视，会看到肌肉质上有明显的横纹，由不透明和透明部分交替构成。螯虾所属的这类动物的一个特征就是身体所有部分的肌肉质均带有这种条纹。

这些纤维基于不同数量聚集成束，众多这样的集束构成了肌肉；而且除非这些肌肉是围绕某个腔体，否则一般其两端都会固定在骨骼的硬质部位上。这种对骨骼的附着通常需要一种致密纤维状，通常包含壳多糖的物质来介导，这种物质构成了肌肉的肌腱（tendon）（图 3-1，A，3）。

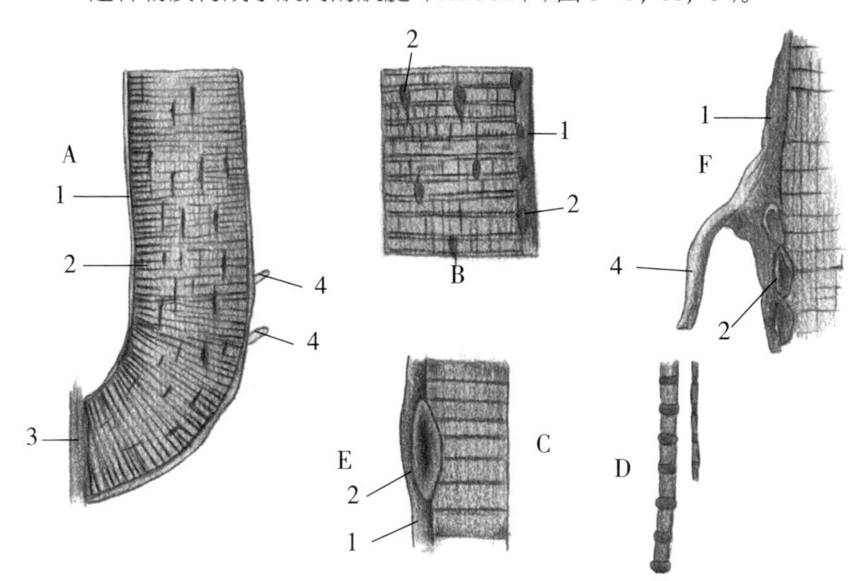

图 3-1　常见螯虾的肌肉组织

A. 单束肌纤维；B. 同一部分的更高倍放大；C. 肌纤维的一小部分，仍为高倍放大；D、E. 将纤维的一部分拆分为小纤维；F. 神经与肌纤维的连接。

1. 肌膜；2. 肌膜细胞核；3. 肌腱；4. 神经纤维。

鲜活肌肉之所以能够引发移动，是因为其有以下性质：每条肌纤维都能够突然改变自己的尺寸，变得更短，也更厚实。所以虽然尺寸改变了，但纤维的绝对量基本没有变。这种情况下，肌肉的形态改变被称为收缩（contraction），其与我们通常意义上所说的收缩有本质上的不同，后者往往涉及物质量的减少。

肌肉收缩的同时伴随着巨大的力量，因此如果其两端附着的部分都能自由移动，那就会在收缩时被拉近。如果只有一端可以自由移动，那它就会被拉近固定的部分；而如果肌肉纤维构成腔体，则该腔体会因为肌肉收缩而减小。这就是螯虾这台生物机器所依赖动力的全部来源了。运用这种力量具体会产生什么样的结果，取决于肌肉所附着的身体各部分彼此连接的方式。

此类例子之一就是上文中提到过的胃磨的运行机制。另一个例子大概要数螯钳末端的螯是如何活动的了。如果我们仔细检视螯钳的最后一节（图 3–2，1）与其前面部分（图 3–2，4），就会发现这末节（图 3–2，1）的基部是沿着两个“铰链”结构（图 3–2，2）转动的。这两个“铰链”结构由硬质外骨骼形成，位于倒数第二节基部内凹的对应点上。这两个“铰链”的构造方式让螯钳末节只能做平面移动，也就是以既定角度靠近或远离形成螯钳固定钳爪的倒数第二节（图 3–2，4）。在“铰链”之间连接处的内外侧，外骨骼柔软有韧性，允许螯钳末节在一定弧度内活动。正是这一构造确定了螯钳的两个钳爪可自由活动的那一个的具体可活动方向和程度。这种活动的动力来源还是肌肉，这些肌肉占满了螯足体积巨大的倒数第二节的内部。这里有两块肌肉，一块很大，另一块稍小，两者均有一端固定于构成这一节的外骨骼的一端。较大块的肌肉的纤维聚合起来固定于末节基部内侧一个凸起的两侧，这一凸起的作用相当于肌腱（图 3-2，7）；较小的一块肌肉的纤维同样附生于一个凸起物（图 3-2，6）上，不过这一凸起位于末节基部的外侧。显然，后一块肌肉收缩时，螯钳末节（图 3-2，1）的顶端就会远离固定钳爪的顶端；但如果前一块肌肉收缩，那么末节顶端就会被拉向固定钳爪顶端。

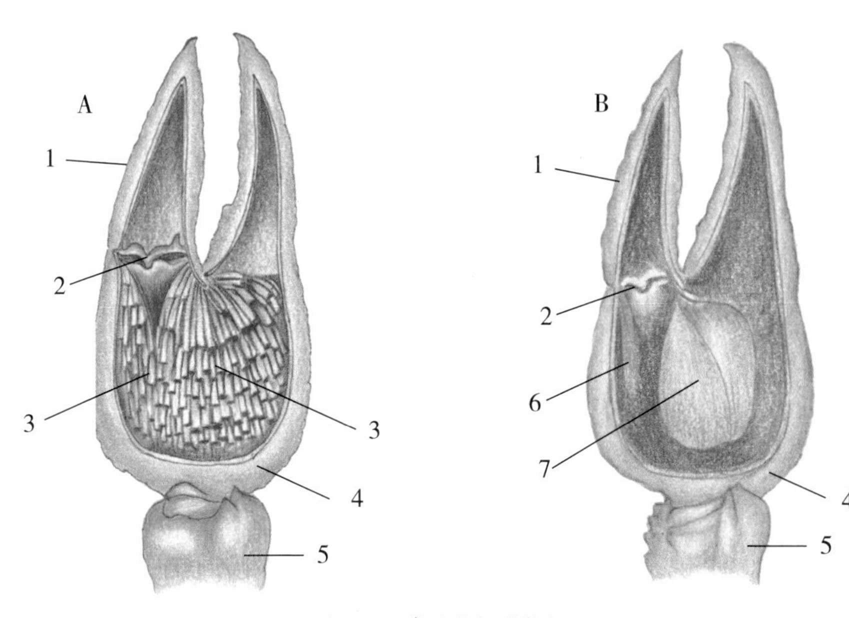

图 3-2　常见螯虾的螯钳

A. 肌肉；B. 肌腱。

1. 指节；2. 铰链结构；3. 内收肌；4. 掌节；5. 腕节；6. 外展肌肌腱；7. 内收肌肌腱。

一只活螯虾可以用它的大钳做出许多不同的动作。当它以后退方式游泳时，这两个螯足就会伸直，彼此平行置于头部前方；当螯虾步行时，这两对足通常会像两条手臂一样，在“肘部”弯曲，“前臂”有一部分接触地面；当螯虾被激怒时，就会往各个方向挥动大螯，试图抓住侵犯它的物体；而当它捕获了猎物，螯钳就会以一个打圈动作把猎物送到口部所在区域。但是，这些各不相同的动作，都是以一系列简单的曲张动作的组合来实现的，这些动作以确切的顺序完成确切的程度，从而把大螯移动到所需的位置。

构成螯钳所在螯足的外骨骼部分，共分为 4 个可活动的节；每段节与两侧节的连接方式也是通过类似于可活动钳爪与其倒数第二节之间的连接结构来实现的，其基节也以类似的方式与胸部结合。

如果这些连接部分的活动轴[1]都是平行的，那么显而易见的是，尽管螯足整体可以在较大弧度范围内移动，并且可以弯曲成不同的角度，但所有这些移动只能限制在一个平面里。实际上，这些连接部位的活动轴几乎彼此呈垂直角度，如果这些肢节相继弯曲或伸展，那么整个螯钳就可以通过每个节的不同曲张角度与程度，实现极复杂的行动轨迹曲线，甚至称得上变化无穷。螯足足肢的每一节到底应该位于什么位置，才能让螯钳从一个给定位置移动到另一个位置？这个问题可能会让优秀的数学家犯难，可如果某个鲁莽的家伙在捕捉活螯虾时不小心，他就会发现这种动物可以又快又准地解决这个难题，至于发现的代价嘛，大概就是他被钳住的手指吧。

螯虾倒着游泳的机制也很容易分析。正如我们先前已看到的，其运动装置是腹部以及位于腹部末端分成 5 片的尾扇。腹部体节通过一种接头连接在一起（图 3-3），该接头位于体节中间部位偏下的位置，与腹部长轴呈垂直角度。

组成每个环状体节的，一个是位于背侧的弯曲甲片，称为背板（tergum）（图 3-3）；另一个是接近平直的身体下侧甲片，称为腹板（sternum）。在这两者结合的地方，两侧均向下延伸出一个片状结构，覆盖住腹部附属器的基节，称为侧板（pleuron）。腹板都非常窄，通过大面积的柔性外骨骼彼此连接。

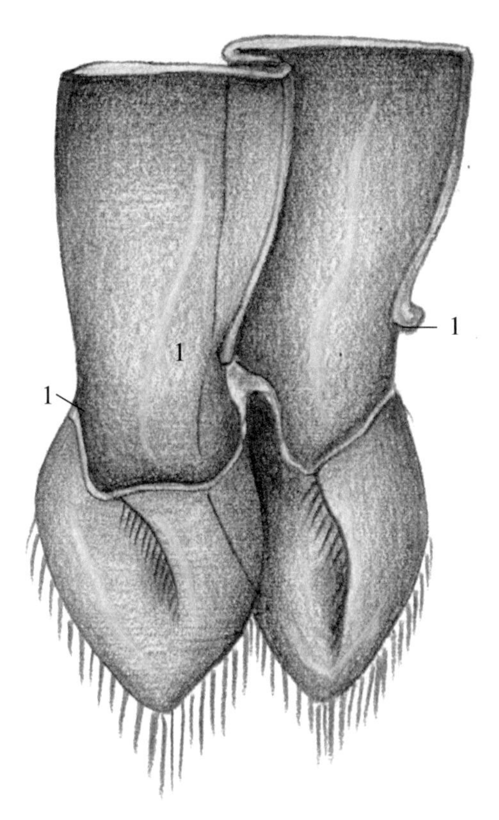

图 3-3　常见螯虾的腹部体节

1. 体节间彼此接合的接节。

如果我们将螯虾的腹部拉直，就能够发现这些腹板间膜会尽可能地拉伸；如果把腹部最大限度地弯曲，那么腹板就会叠合到一起，腹板间膜也会折叠起来。

螯虾的背板是很宽的，宽到彼此重叠，当腹部拉直或弯曲时，这种重叠度可以达到背板中线长度的一半；重叠面平滑并凸起，从背板表面隆起呈横沟状，称为关节面（articular facet）。背板的节间膜（interarticular membrane）结构让背板可以在身体弯曲时彼此尽量保持距离；螯虾在将身体拉直时，背板仅有小幅度拉紧。但是，即使这层背板间膜对于腹部的过度伸直不构成阻碍，每块背板的游离边缘都会与下一片背板关节面后的沟槽嵌合，使得腹部只能稍微向上弯曲一点。如再多弯曲一些角度，背板就会破裂。

因此，腹部在垂直方向上的活动范围，是从伸直状态，或者说略微上翘状态，到完全弯曲。尾节位于胸部后侧附肢基节的下方。腹部体节之间任何位置上都不能做横向移动。因为当腹部伸直时，不仅背板的大幅度重叠会阻碍其横向移动，而且 4 个中部体节的侧板后缘与前一侧板前缘的重叠也起到同样效果。第二体节的侧板要比其他体节的都大一些，其前缘会覆盖腹部第一体节较小的侧板。当腹部极度弯折时，这两块侧板甚至会叠到鳃盖后缘上。在腹部伸直的状态下，背板的重叠比例较大，而中部体节侧板的重叠较少。随着腹部从伸直状态向弯曲状态变化，背板间的重叠比例自然会降低。但如此造成的各体节横向移动阻力的减小，同时会被侧板重叠比例的增加所抵消；当腹部达到完全弯曲状态时，侧板重叠比例也最大。

很显然，腹部接节轴线上方外骨骼的纵向肌纤维在收缩时会把体节背板拉近；轴线下方的肌肉则把腹板拉近。因此，前者引起腹部整体拉伸，后者引起屈曲。

现在，我们知道有两对肌肉以此方式配置。位于背部的一对称为腹部伸肌（extensors）（图 3-4，30），其前端附着于胸部侧壁，向后延伸入腹部，并分成几束，位于腹部体节背板的内表面。另一对则称为腹部屈肌（flexors），是相当大的一块肌肉，其纤维像绳索一样扭曲、盘结在一起。这条“双股绳”的前端位于胸部外骨骼内侧的凸起上，称为皮下凸起（apodemata）。这些凸起中的一些覆于胸部血窦和胸部神经系统上方。在腹部，纤维束则依次附着于所有体节腹板的外骨骼上，并沿直肠两侧延伸，直至尾节。

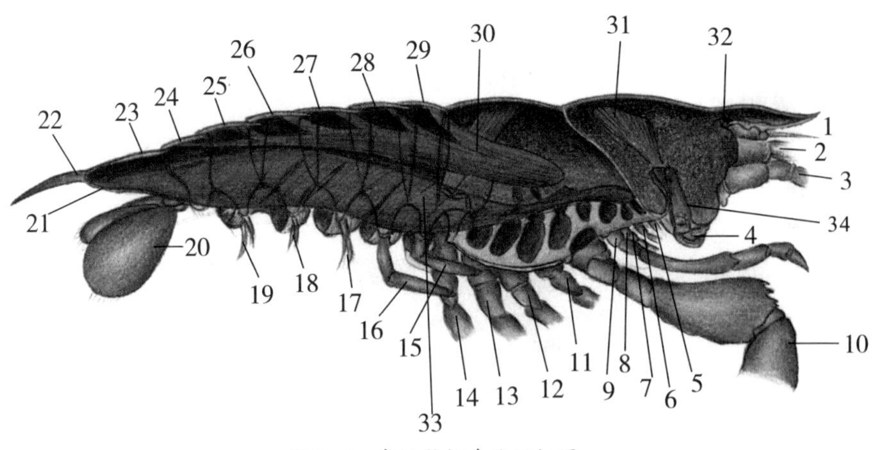

图 3-4　常见螯虾身体纵切图

1~20. 附属器；21. 肛门；22、23. 尾节的两段；24~29. 腹部体节；30. 腹部伸肌；31. 上颚内收肌；32. 头前部凸起；33. 腹部屈肌；34. 食管。

在我们用酸液浸泡清除外骨骼后，会看到腹部呈一个轻微弧度的形状。这是由其不同部位的形态和柔韧度所致。如果我们观察一只处于休息中的活螯虾，会发现其腹部弯曲度更加明显。这种状态下，腹部可以随时伸直，或者进一步弯曲。

螯虾肌肉弯曲的瞬间会加大腹部的弯曲，并将尾扇向前甩，其两片侧叶也向前展开。同时，它的身体在这一水流拍击作用下向后弹出。随后，屈肌放松，伸肌开始发挥作用。螯虾的腹部会伸直，不过动作幅度没有弯曲时那么剧烈，引起的水流也小得多。一方面是因为伸肌的力度较低，另一方面也是因为尾扇侧叶的收起。螯虾的腹部会伸直到既定位置，以便其可以全力进行下一次拍击。腹部伸直会趋向于推动身体向前；但由于其拍击力度相对较弱且有点倾斜，所以实际作用不过是稍稍制止身体因腹部弯曲时的发力而引起的向后移动。

因此，螯虾的每个动作，包括移动，都是一块或多块肌肉收缩的结果。但又是什么让肌肉收缩呢？对于从螯虾身体中取出的新鲜肌肉，可以有许多方式来让它收缩，比如物理性的或化学性的刺激，或者通过电击。不过，在自然状况下，只有一种途径可以引发生物体内的肌肉收缩，那就是神经活动。每块肌肉都与一根或多根神经相连。这些神经外观为精细线状，用显微镜观察，会发现其由极为纤细的管状纤维束组成，其中填充着一种明显无定形的凝胶状物体，这就是神经纤维（图 3–5）。连接至肌肉的神经束会分成多个小束，最后分出单独的纤维，每根纤维最终与肌纤维汇合到一起（图 3-1，F）。肌肉神经，或称为运动神经（motor nerve），其特质就是，在其神经纤维长度范围内，任何部位感受到的刺激，不管这刺激离肌肉有多远，都会引起肌肉收缩，就好像肌肉自己被刺激一样。在刺激点的神经分子状况会发生改变，且这种改变会沿着神经传递至肌肉，并在肌肉中引起分子排列的变化。这种变化最显著的结果就是肌肉纤维形态的突然改变，也就是我们所说的肌肉收缩。

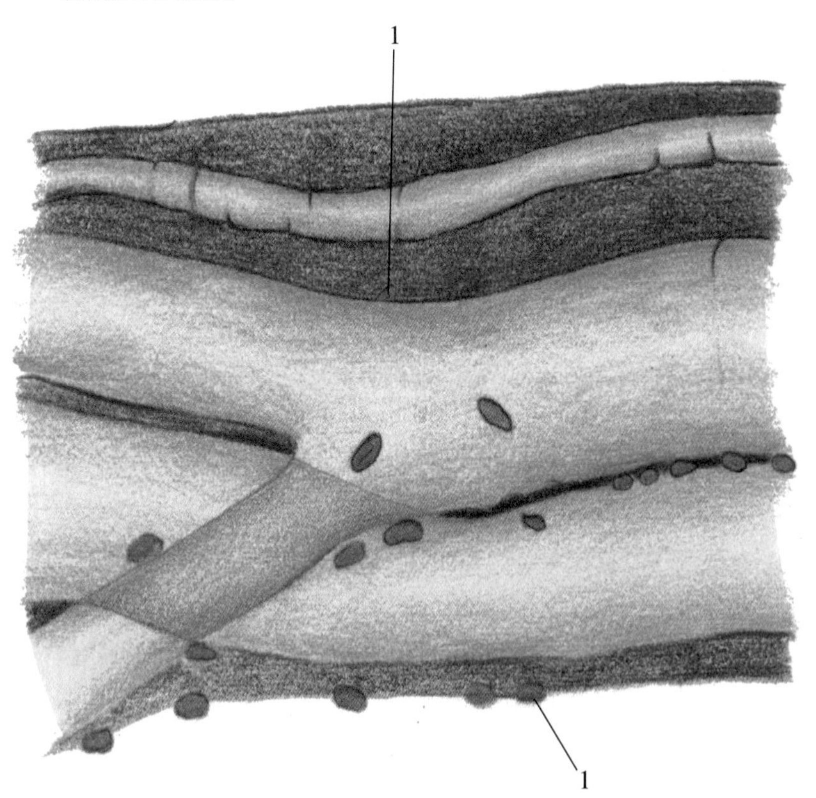

图 3-5　常见螯虾神经纤维及其结缔组织

1. 细胞核。

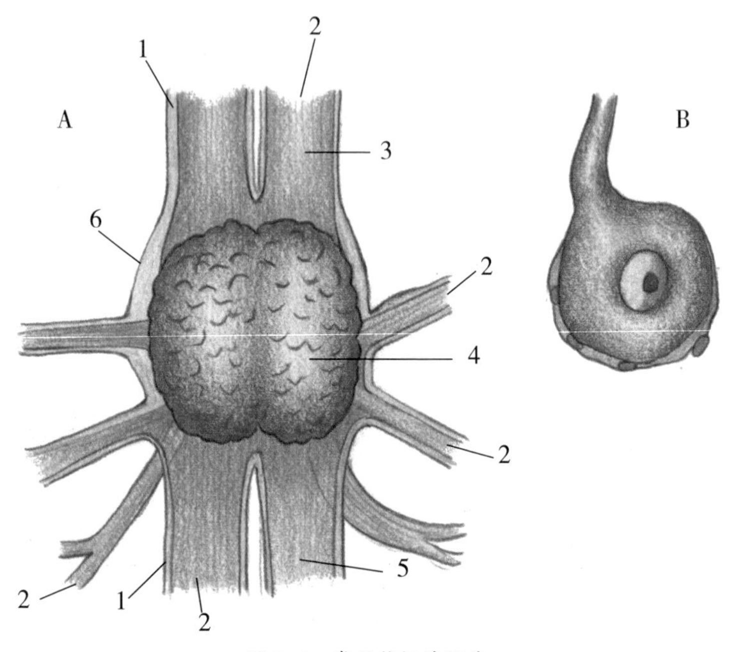

图 3-6　常见螯虾神经节

A. 一对腹神经节以及连接到上面的神经；B. 单个神经细胞或神经节小体。

1. 神经外鞘；2. 神经纤维；3、5. 连接该神经节与前后神经节的接合束；4. 神经节的神经节小体所在点；6. 神经节外鞘。

如果我们循着运动神经进行观察，会发现这些神经迟早都会终止于神经节（ganglia）（图 3-6，A，4；图 3-7）。神经节是由大量神经纤维组成的块状物体。在这些纤维之间或周围分布着一些特殊的物质，称为神经节小体（ganglionic corpuscles）或神经细胞（nerve cells）（图 3-6，B）。这些细胞是有核细胞，与前面提到的上皮细胞没有太大的不同，只是前者更大，且通常有一个或多个凸起。这些凸起在便于观察的条件下，可以一直追溯到与神经纤维相连的部分。

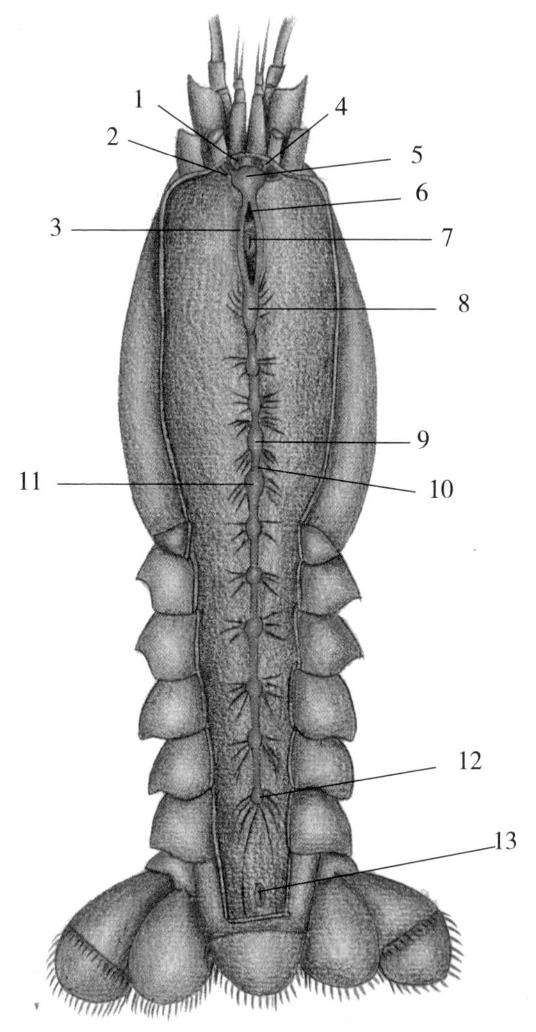

图 3-7　常见螯虾中枢神经系统

1. 小触角神经；2. 大触角神经；3. 食管周接合束；4. 视神经；5. 食

管上神经节；6. 口胃神经；7. 食管横切面；8. 食管下神经节；9. 胸直动脉横切面；10. 第五胸神经节；11. 最末胸神经节；12. 最末腹神经节；13. 肛门。

螯虾的主要神经节沿身体中线纵向分布，位于腹侧接近外壳处（图 3–7）。例如，在腹部，很容易观察到 6 个神经节团块，每个体节的腹板上各有 1 个，彼此由纵向神经纤维束连接，并向各处肌肉发出众多分支。如果仔细观察，可见纵向的连接束，或称接合束（commissures）（图 3–7，3）。连接束其实有两根，而每个团块也稍稍裂成两半。在螯虾的胸部，有 6 个神经节构成的团块，之间也由双股的接合束连接。在这些神经节中，位于最前方的那个体积最大（图 3–7，8），其两侧还有凹痕，就好像是由好几对神经节合并在一起构成的。在这个神经节的前方，分出两根接合束（图 3–7，3），彼此间距较大，以便为从这两束中穿过的食管（图 3–7，7）腾出位置；在食管前方，眼部后面一点，这两根接合束与一大块神经节团块（图 3–7，5）聚合到一起，就是螯虾的脑（brain），或称脑神经节（cerebral ganglion）。

所有先前提到过的运动神经，都可以直接或间接追溯至这 13 个神经节中的一个。但也有一些神经从神经节中分出，却不导向任何肌肉。实际上，这些神经要么连接至外表皮，要么就连到感觉器官，被称为感觉神经（sensory nerves）。

当一块肌肉通过其运动神经与某一神经节相连时，这一神经节的刺激就会引发肌肉收缩，就好像运动神经自己被刺激一样。不仅如此，如果与神经节连接的感觉神经受到刺激，也会产生同样效果。而且，甚至感觉神经自身无须被激发，只要感觉神经所分布的器官受到刺激，也会有此效果。因此，神经系统从本质上是这样一种装置。通过这一装置，可以将两个相互分开，甚至远离的身体部位彼此相关联。这种关联的特性就是，一个部位的状态变化会沿着感觉神经传导到神经节，再从神经节传导到另一部位。如果这另一部位是肌肉，那就会引发收缩。做个类比，如果我们把一根 20 英尺长的木棒的一端连到一块共鸣板上，那么在另一端放置的音叉所发出的声音这端也能很清晰地听到。这根木棒看上去也没什么变化，但其内部分子肯定在与音叉以相同的频率振动。而且这种振动在沿着木棒快速传递后，还引起了共鸣板中空气分子的振动，转化为我们听得见的声音，并传递到我们的耳朵中。因此，在神经传导路径中：某一端的刺激并不会引发路径的明显改变，但分子变化所产生的传导的速率是可测的。而且当这一传导信号到达肌肉时，其结果以肌肉形态改变的方式为我们所见。即使没有肌肉与神经相连，这种分子变化也一样会发生，只不过以普通方式难以观察到，就好像如果没有共鸣板，我们也听不到音叉的声音一样。

如果神经系统只不过是一束束连接感觉器官和肌肉的神经纤维，那么每一次肌肉收缩都需要刺激外表皮特定的点，也就是对应感觉神经所终止的点。数块肌肉的同时收缩，也就是导致同一个目的的动作组合，只有在对应神经被以正确顺序各自激发，且每一个动作都是外部感觉变化直接结果的时候，才有可能实现。这种假设下，生物体就好比一架钢琴，可以用来弹奏最复杂的和声，但奏乐的时候只能是压一个琴键出一个音符。可是，很显然螯虾在实施复杂动作时并不采用这种单独触发机制。在一开始的两个例子中，感觉器官的单一印象都引发了一连串复杂且经过精确协调的肌肉收缩。如果要以肌肉的实际情况和乐器做进一步的类比，那应该是敲击单个琴键可以产生不止一个音符，而是复杂度不一的曲调。就好像钢琴音槌敲击的不是琴弦，而是八音盒的开关一样。

为此我们必须对神经节一探究竟，看看里面是否隐藏着类似八音盒的机制。由感觉神经传导给神经节的单一神经冲动，可以引起单块肌肉的收缩。但更多情况下，是引发一系列肌肉收缩，彼此组合以达成明确目的。

单个冲动沿着神经纤维传导到神经节中枢，再从神经节沿另一条神经纤维反映到肌肉，这就是所谓的反射作用（reflex action）。既然初始冲动并不必然伴随着感觉，所以我们最好把传递这一冲动的神经纤维称为传入（afferent）神经，而非感觉神经。同样，反射作用的最终结果也可以是肌肉动作以外的其他现象，所以最好把传递这一反射冲动的神经纤维称为传出（efferent）神经而非运动神经。

如果我们把胸部最后一个神经节和腹部第一个神经节之间的接合束切断，或者把胸部神经节破坏掉，那么螯虾就会无法控制自己腹部的运动。比如，这时候我们刺激其身体前部，螯虾就没办法通过倒退游泳来逃走了。但是，其腹部并没有瘫痪，如果我们直接刺激腹部，它还是会非常有力地拍打。这时候体现的是单纯的反射动作。刺激通过传入神经传导到腹部神经节，并从中通过传出神经反射到腹部肌肉。

但这还不是全部。在这种情况下，我们会发现腹部附肢会同时前后摆动，动作一致；而且肛门也会以固定节律开闭。这些动作自然意味着特定肌肉集合以相应节律进行收缩和放松；这又表明腹部神经节以不断重复的方式传出冲动。这些神经冲动源自腹部神经节这一事实可用两种方式来证明：第一种，可以沿体节逐个破坏腹部神经节，每当一个体节的神经节被破坏，其活动也会马上永久性终止；第二种，可以通过刺激腹部表面，这时传入神经的刺激会暂时抑制躯体活动。这些规律性动作是一种恰当的反射吗？也就是说，是由未知来源的、连续的新传入冲动所引发，还是神经节自身神经能量的定期积累和释放所致？又或者是取决于肌肉应激性的定期衰竭和恢复？答案还不得而知。不过就目的而言，用这些事实应该足以证明神经节具备特有的协调功能。

就我们所见，螯虾不喜光，触角的轻微触动也能让它牵一发而动全身。事实上，这种动物的姿态与动作在很大程度上由其触须和眼睛接收到的刺激所决定。这些感官神经从脑神经节分出。因此不出所料的是，当脑神经节被摘除后，螯虾就不能见光而避，它的触须别说是碰到，就是被紧紧捏住也毫无反应。很显然，脑神经节是一个神经中枢，从触须和眼睛传入的冲动在此转变为传出冲动。脑神经节的摘除还伴随着另一个颇为奇怪的结果。如果我们把一只完好的螯虾背面朝下放在地上，它就会不停努力想要翻身；如果其他方式都失败了，那它就会用腹部奋力拍打，期望以此制造意外效果，来借此翻身。但如果是无脑的螯虾，行为方式就会迥然不同：它的足肢也在不停动着，但全都动得不知所以；如果它恰好向一边翻转，却又好像无法稳定姿势一样，又翻回腹部朝上。

如果在一只完好螯虾背朝下的状态下，把某个物体放到它的两个螯钳之间，它要么立即推开这个物体，要么试图利用这个物体更好地翻身。但在无脑螯虾的情况下，同样的操作会引发极为怪异的情景。[2] 不管这个物体是一小块金属、木头、纸，还是螯虾自己的触角，只要把它放到螯的两个螯钳当中，就会马上被螯钳抓住并向后传递；同时带钳爪的步足也会向前伸，把被抓住的物体接过来，并立即放到外颚足之间，后者则开始和其他口器一起大嚼特嚼起来。有时候，这一小团物体会被吞下；有时候从口部前方被排出来，好像吞咽比较困难的感觉。非常奇怪的现象是，如果这一小块物体在由一个螯钳传递到口中的过程中被往回拉，那么另一侧的螯钳和钳足就会立即向前伸来抓紧这个物体。简单来说，这一足肢的移动是为了应对阻力增加的情况而做出的调整。

但如果我们把胸神经节破坏，那么所有这些现象都会立即戛然而止。因此，在这一过程中，螯虾身体的部分，比如一个螯钳与物体接触所产生的单一刺激，会转化为上面所描述的一连串复杂且准确的协调动作。所以，我们可以把螯虾的神经系统当成一种协调机制系统，其中的每条神经在接收到恰当刺激时，都可以引发一个或一组特定的动作。

当螯虾降生到这个世界时，它的神经–肌肉器官中便蕴含了某种先天的运动潜能，并且会在适当刺激的影响下，表现出相应的动作。这些刺激中很大一部分并不通过感觉器官传递。各个感觉器官接受冲动，神经传递这些冲动，以及神经节将其转化为一连串冲动组合的整个过程的就绪程度，无论何时都依赖于这些系统组成部分的生理状况。后者在很大程度上会由这些器官的供血量和供血状况所改变。另外，这些刺激中的某一部分无疑源自组成身体的不同器官，包括神经中枢自身的变化。

当某种行为是由动物身体内部状况的改变而引发时，我们无法观察到其成因，所以就称这种行为是“自发的”；而在我们自身的情况中，我们可以意识到这种行为是伴随着想法和实施意愿而出现的，所以我们称这种行为是“自愿的”。但是，任何一个理性的人在使用上述字眼时，绝不是在说这种行为是没有原因的，或者自成其原因。“自成原因”是一种自相矛盾的说法，认为任何现象的产生都是毫无原因的，这种想法相当于相信什么都是“撞大运”，要是寄希望于这种运气，最后终归一无所获。

对于螯虾的每个行动都有确切的生理原因这一点，我们应该是确信无疑的。只要我们了解了每个情形所对应的内部和外部条件，那么就可以明了螯虾在任何时刻的任何动向，就好像一个了解钟表工作原理的人，可以知道什么时候钟会敲响一样。

从生理学角度来看，身体应对变化的外部条件而做出的调整，也就是神经机制运作的主要结果之一，并不如那些与身体器官直接接触的外部物体对器官产生的影响重要。[3] 不过，这后一种微妙影响也是遍布外表皮的神经器官起作用的结果。

遍布螯虾身体及其附属器之上的刚毛（seta），或毛发，很可能就是其精致的触觉器官。这些刚毛是壳多糖外皮的中空凸起，腔内分布有连贯的细窄管道，这些管道横穿整个外皮，其中填充的是下层真皮的延伸。这些填充物中包括了神经，所以纤细的神经纤维可以直抵毛发的基部，任何扰乱这些处于精妙平衡状态的毛发，都会影响到其下方的神经纤维。

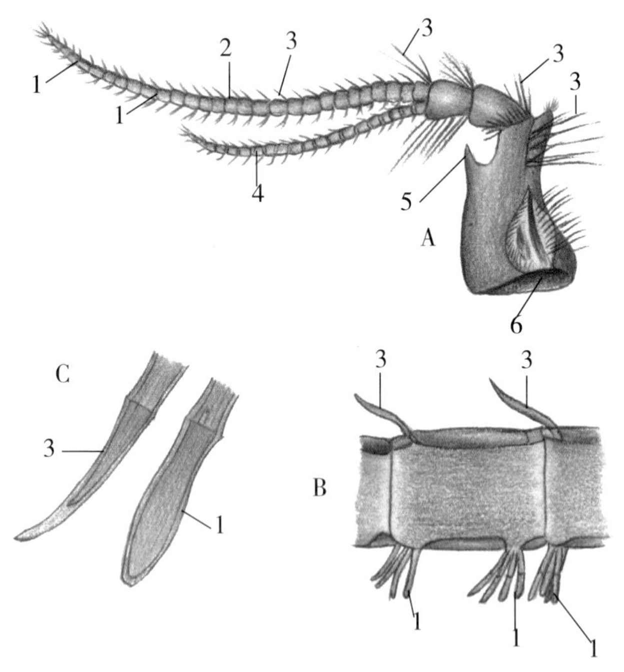

图 3-8　常见螯虾嗅觉及听觉系统

A. 自内侧所见的右小触角；B. 小触角外侧分支部分的放大；C. 外侧分支上的嗅觉附属器。

1. 嗅觉附属器；2. 外侧分支；3. 刚毛；4. 内侧分支；5. 基节上的脊刺；6. 听囊。

我们有足够理由相信，螯虾会受到那些散发气味的物体的影响，但要获得这一事实的实验证据却很困难。不过，有大量类似的观点支持这一假设，也就是说，在小触角外侧分支的下方，发育有某种明显具有感觉性质的奇异结构，扮演着螯虾嗅觉器官的角色。

小触角的外侧（图 3-8，A，2）和内侧（图 3-8，A，4）分支由一连串纤细的环状节构成，上面覆有一般特征的纤细刚毛（图 3-8，3）。

内侧分支较短，有两根，上面只有这种普通刚毛。但在外侧分支从第七或第八节到倒数第二节的每一节的下表面上，却有一前一后两束非常奇特的附属器（图 3-9）。这些附属器非常精致，形状就像一把小铲子，有一个圆形把手和一个扁平且有点弯曲的叶片。叶片顶端有时如同被截去，有时则呈乳头状凸起。在把手和叶片之间有某种接节，就好像普通的刚毛在基部与末端部分之间的结构。事实上，这些凸起与刚毛基本结构完全对应。在这些奇怪构造的内部，填充着一种软质肉芽状组织，其发现者莱迪希[4]认为其具有嗅觉功能。

螯虾很可能具有某种类似于味觉的功能，行使这种功能的器官很可能位于其上唇及后唇。然而如果这种器官真的存在，也缺乏任何可识别的结构特性。

但说到声音振动和光波振动的特殊接收器官，其存在是毫无疑问的。而且这些器官特别重要，因其能使神经系统受到远离生物体身体的物体的影响，并改变生物体与此类物体的位置关系。

通过位于小触角基节的奇特结构，也就是听囊（auditory sacs）（图 3-8，6），螯虾可以把声音振动转变为联结至脑部的一根特定神经（图 3-7，1）的刺激。

这些基节有三面：朝外一面凸起；朝内向着另一根小触角的一面扁平；朝上的一面，也就是眼柄所在，则是凹面。在朝上的面上，有一个拉长的椭圆形开孔，开孔外唇上生有密集的、呈扁平刷状的刚毛，这些刚毛横卧在开孔上方，并有效地将其封闭。开孔导向一个小囊（图 3-8，6），其纤薄的囊壁由普通外表皮的壳多糖延伸部分构成。囊的下后方壁沿一条弯曲线拱起，形成一道脊（图 3-9A，2）。这条脊的两侧均生有大量纤细的刚毛，最长的大概有 0.02 英寸，从而形成一条自身弯折的纵向条带。这些听觉刚毛（auditory seta）探入囊内液体中，其末端在多数情况下会嵌入胶状物质，其中还包含一些不规则颗粒，比如沙粒或其他异物。这个囊与一根神经相连，其神经纤维从刚毛的基部直达其末端的细长棒状体（图 3-9，C）。这是一个最简单不过的听觉器官。终螯虾一生，它都维持着一个单一囊状或外表皮内卷的状况，就和处于最初阶段的脊椎动物的耳类似。

声音振动从螯虾所栖息的水体中传导到听囊内的固-液混合物中，然后被脊上纤细刚毛所捕捉，引发分子改变，并沿听觉神经直抵脑神经节。

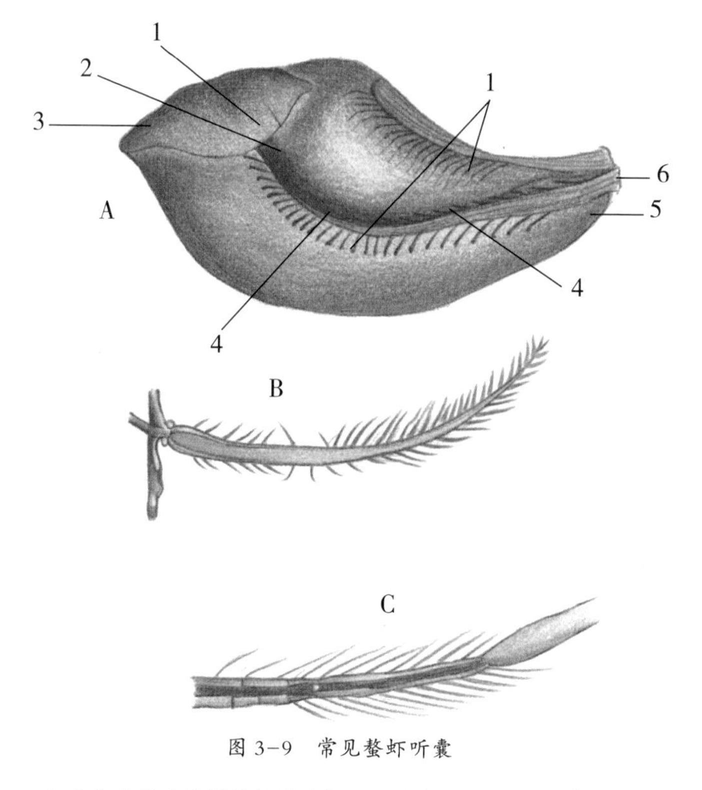

图 3-9　常见螯虾听囊

A. 已取出并从外侧所见的听囊；B. 听毛；C. 同一毛发末梢的更高倍放大。

1. 听觉刚毛；2. 脊；3. 囊孔；4. 神经；5. 其内侧及后侧末梢；6. 神经。

光以太的振动[5]，会作用于直接从脑部分出的两大束神经纤维，即视神经（图 3-7，4）的自由末梢，在末梢接受这些振动的是一个高度复杂的器官——眼。眼部的一个作用是把光线分解成许多小束，每个小束对应一个视神经纤维的分离末梢；另一个作用则是充当把光振动转换为分子神经变化的媒介。

在眼柄的自由端，有一个凸面，轮廓为椭圆形。这个区域的表皮被称为角膜（cornea）（图 3-10，1），它比眼柄其他区域的表皮要更薄，分层不明显，且不含石灰质。但其与眼柄其余部分外骨骼是联结在一起的，在某种程度上就和关节部位的软质外皮和其相邻硬质部分的关系差不多。

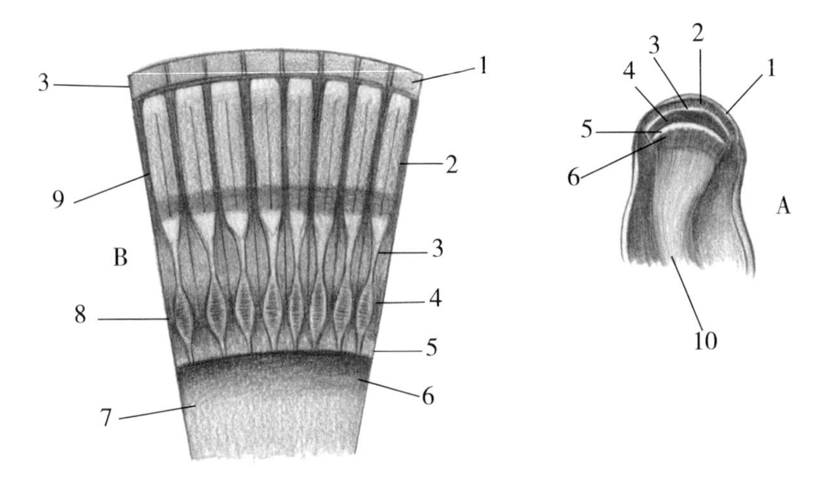

图 3-10　常见螯虾眼部结构

A. 眼柄纵切面图；B. 同一部位的一小部分。

1. 角膜；2. 外暗区；3. 外白区；4. 中暗区；5. 内白区；6. 内暗区；7. 视神经节；8. 条纹轴；9. 晶锥；10. 视神经。

角膜被一些模糊的线条分割为大量微小的、通常为方形的眼面。这些分割线条从角膜一侧横贯到另一侧，彼此几乎成直角。对角膜的纵切面图显示，其水平和垂直轮廓都接近半圆。那些划分出眼面的线条只是因为眼面之间区域物质的细微改变而造成的。每个眼面的外轮廓均构成角膜外面总曲度的一部分；其内轮廓有时会与角膜内面的总曲度有所偏差，但通常也近似吻合。

当我们对整个眼柄进行横切或纵切时，可看到视神经（图 3-10，A，10）贯穿其中心位置。视神经最初呈细长圆柱形，但在末梢膨大呈球状（图 3-10，B，7），其外表面弯曲，恰好与角膜内表面相吻合。视神经球状末梢的上半部含有大量的深色素，在剖面图上标示为内暗区（图 3-10，6）。在这一区域外侧与其相连部分，是一行白色线条，称为内白区（图 3-10，5），随后是中暗区（图 3-10，4）；再往外，是靠外的一条灰白色条带，可称为外白区（图 3-10，3）；在这一区域和角膜之间的，是另一条较宽的黑色素条带，即外暗区（图 3-10，2）。

当我们在低倍镜下用反光观察时，会发现这一外暗区上贯穿许多几乎平行的直线，每一条从两个眼面间的边界起始，向内穿过外白区，直至中暗区。因此，在视神经球状末梢外表面和角膜内表面之间的整个介质也被划分为和角膜眼面数量相同的区段。每一段呈楔形或细长倒锥型，其基部为四边形，与角膜的一个眼面正好对应，末端则位于中暗区。每个这样的区段称为视锥（visual pyramids），其由一个轴向结构，即视杆（visual rod）及其外部的鞘所组成。视杆从角膜各个眼面的边缘起始，向内延伸，在纵向长度上的两个区域包含色素，中间区域则没有色素。由于含色素区域的位置相对锥体长度始终固定，所以当这些锥体处于其自然状态时，色素区域就会形成两个连贯的带。

视杆由两部分组成，外部的晶锥（crystalline cone）

（图 3-10，B，9）和内部的条纹轴（striated spindle）（图 3-10，B，8）。晶锥由一种透明玻璃状物质组成，纵向上可分为 4 段。其内侧末端收窄为纤维状，贯穿外白区，并在中暗区增粗为一个四面棱形透明体，其上有横向条纹，即条纹轴。这一条纹轴的向内末端再次收窄，并与从视神经末端球状物表面凸出的神经纤维相连。

神经纤维与视杆的确切连接方式还没有确定，但很可能与物质直接连接，每根视杆实际上是神经纤维的末梢。

甲壳纲（*Crustacea*）与昆虫纲（*Insecta*）动物中，许多种类的眼部结构都与螯虾大体相同，也就是我们所称的复眼（compound eyes）。事实上，这些动物中，许多种类的角膜被摘除后，每个眼面都可以作为独立的晶状体。只要排列合理，那么有多少个眼面，就可以得到多少个外部物体的单独成像。顾名思义，"复眼"意即每个视锥都应该是一个独立的眼睛，在构成原理上和人的眼睛类似，能够形成其视线范围内的外部世界的图像，并投射到位于晶锥表面的视网膜上，就好像人眼中位于玻璃体表面的视网膜一样。

首先，并无证据表明在晶锥外表面有对应于视网膜的存在，实际上也并无这种可能性；其次，就算真有这样的视网膜，要让光线从外部世界的某一点射入眼部后能够在假定视网膜表面对应点上聚焦，以角膜和晶锥中的折射介质的分布来看也是不可能完成的任务。但如果没有视网膜，岂不是无法成像，也就无法产生清晰视觉了？因此，很可能视锥并没有脊椎动物单眼所具有的功能，这样一来，唯一的替代解释就是数年前由约翰内斯·穆勒[6]提出的嵌合视觉（mosaic vision）理论的改版了。

该理论认为每个视锥彼此通过色素外覆隔开，实际上的作用可能类似一根狭窄的直管，管壁涂黑，一端朝向外部世界，而另一端则嵌入神经纤维末梢。在这种情况下，唯一能够到达神经末梢的光线，就是这根管子的轴延长线方向的光线了。

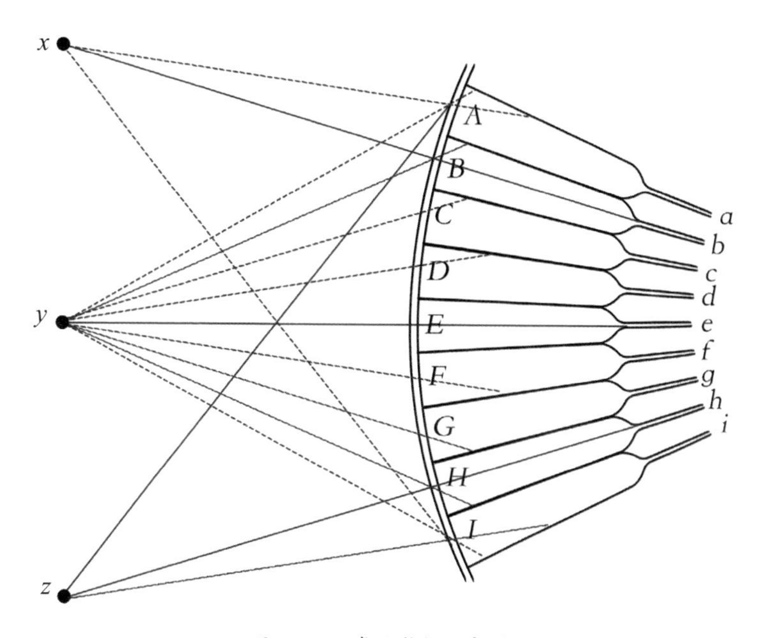

图 3-11　常见螯虾眼部图

显示来自 3 个点 *x*、*y*、*z* 的光线通过 9 个复眼视杆（假设为中空管）*A*~*I* 的光路图；*a*~*i*. 连接视杆的神经纤维。

假设图中从 A 到 I 共有 9 根这样的细管，对应的神经纤维为 *a*~*i*，分别有三点 *x*、*y*、*z* 发出光线。那么显然，

从 x 发出的光线中，只有贯穿 B 并到达神经纤维 b 的那条光线才能激发感觉，而从 y 发出的光线也仅能触发 e，从 z 发出的光线仅能触发 h。这一结果转换为感觉的话，也就是黑暗背景里的三点光，每一点代表一个光源，并且可根据相对眼睛和与其他两个光源的角距离来指示其方向。[7]

对最初版本嵌合视觉理论需要做出的唯一修正是，视杆的部分或整体并不仅仅是将光线传递给神经纤维的被动传输媒介，而且是在一定程度上发挥一种内化作用，就是将光的运动模式转换为另一种运动模式，即我们所说的神经能量。事实上，视杆可被视为神经的生理末梢，通过这一器官可以把一种运动形态转化为另一种，就像耳囊中的听毛细胞可以把声波转化为听觉神经的分子运动一样。

十分有趣的是，当我们用这种方式来解释所谓的复眼时，它与脊椎动物单眼间原本巨大的差异反而不那么明显了，取而代之的是两者的基本相似性。脊椎动物单眼视网膜的视杆细胞和视锥细胞，在形态和与视神经纤维相关的方面，难道不是和节肢动物复眼的视杆极为相似吗？当我们把脊椎动物单眼的发育纳入考虑时，就会发现两者间最初十分醒目的形态学差异，也就是复眼视杆的自由端朝向光线，而单眼的视杆细胞和视锥细胞的自由端则背向光线这一点，反而成了两者间雷同性的佐证。可以证明的是，脊椎动物的视网膜内面，也就是视杆和视锥细胞所在的那一面，实际上是脊椎动物身体外表面在发育变化过程中内陷形成的，正是在这个过程中生产了脑部和眼部。

因此，螯虾至少有两种我们人类也有的高级感觉器官：耳朵和眼睛。所以要是还有人质疑螯虾是不是能听、能看，这问题就算称不上愚蠢，也实属多此一问。

不过，如果我们对这个问题加以合理限定，就可以让其十分中肯。毫无疑问，螯虾之所以会接近某些物体，又躲避其他物体，是因为其眼睛和耳朵的感知。从这个意义上说，它无疑既能听又能看。但如果这个问题是指，光波振动是否也能让螯虾感受到和我们所看到的一样的光暗视感，一样的颜色、形状和距离呢？还有声波振动带给螯虾的是和我们所听到的噪声和声调、旋律和和声一样的感觉吗？对于这样的问题，草率的回答是行不通的，甚至根本就没有一个确切答案，除非我们也只是给出一个试探性的可能答案。

我们称为声音和颜色的现象，其实并不是一种物理实质，而只是一种意识状态。我们完全有理由相信，这些现象依赖于我们大脑特定部位的功能活动。所谓旋律和和声，只是意识状态的名称罢了，当我们同时产生至少两种声音的感知时，这种状态便会出现。所有这些都只是人脑的产物而已。如果就此断言在甲壳动物极度简陋的神经系统中存在可以产生相同产物的器官，无疑是不着边际的想法。这就好像指望一台绞肉机能够完成花布织机的工作一样荒谬可笑。在我看来，要在螯虾那毫不起眼，相比人脑又小又原始的脑神经节中寻找任何类同于人类意识精妙现象的产物，是可笑、荒谬的。

我们最多可以假定，螯虾存在某种感知，类似迟钝的感觉。回到本章开始时我提出的问题，可以这么说，既然这种模糊的知觉伴随着神经物质的分子改变，权且可称为螯虾的智力。但是，这里所说的智力，充其量不过是对真正智力活动的象征性表述而已，真要把它当成螯虾脑器官功能的某种要素，无疑是本末倒置了。

但是，不管螯虾是否有智力与知觉，都不妨碍它作为一台生物“机器”而存在的事实。这台“机器”在任何时刻的活动，一方面取决于由内因或外因在它的神经—肌肉机构中激发的一系列分子变化；另一方面则取决于这台机器各部件的配置和性能。这样一台包含了它自身活动的直接条件，可以自我调节的“机器”，正是对“自动机”一词的确切阐释。

据我们所知，螯虾能活很长时间。而且如果能够让它免遭那些伴随它一生的各种数之不尽的生命威胁，那就更不知道它能活多久。

人们普遍认为，生命物质的能量会自然趋于减少，并最终消失。从整体上说，机体的死亡是生命的必然联系。所有生物终必有一死，这是不言自明的，只不过很难找到一个令人信服的理由，证明它们必须如此。有人会说，这就好像一台机器迟早会因为零件的磨损消耗而停摆。但这个比喻实际上站不住脚，因为生物体这台机器会持续自我更新和修复；而且尽管机体的单独组成部分会持续消亡，但它们的位置很快会被充满活力的继承者接替。就像一座城市，虽然其中的居民会保持恒定的死亡率，但城市本身持久长存。像螯虾这样的生物体，其实本质上也是由无数部分独立的个体细胞所组成的共同体。

然而，不管螯虾在可能的完美状况下可以活多久，现实情况中，尽管它们产下大量的卵，但在某个给定区域，如果我们选取一年中某段时间的平均值，会发现螯虾的种群数量是基本维持不变的。这说明，有多少螯虾出生，就有多少死亡；而如果没有繁殖过程，那么这个种群很快就会消亡。

在螯虾所属的甲壳纲中，有不少动物通过在体内生出的孢子来繁殖幼体，就好像有些植物会脱落球茎，而后者可以长出整株植物一样，水蚤（*Daphnia*）就是一个常见的例子。但是我们从未在螯虾身上观察到这种方式。这些动物和高等动物一样，依赖分别由两种不同个体，即雄性（males）和雌性（females）所产生的生命物质之间的结合，来繁育后代。

这两种生命物质，就是卵子（ova）和精子（spermatozoa），它们由各自的特殊器官，即卵巢（ovary）和精巢（testis）所形成。卵巢位于雌性体内，而精巢则为雄性所有。

螯虾的卵巢（图 3-12，1）是一个三叶状的团块，位于心脏正下方或前方，围心窦底壁与消化道之间。从这一器官的腹面，导出两根粗短的管道，即输卵管（oviducts）；（图 3-12，2）其向下延伸到第二对步足的基部，在该处的开孔（图 3-12，3）终止。

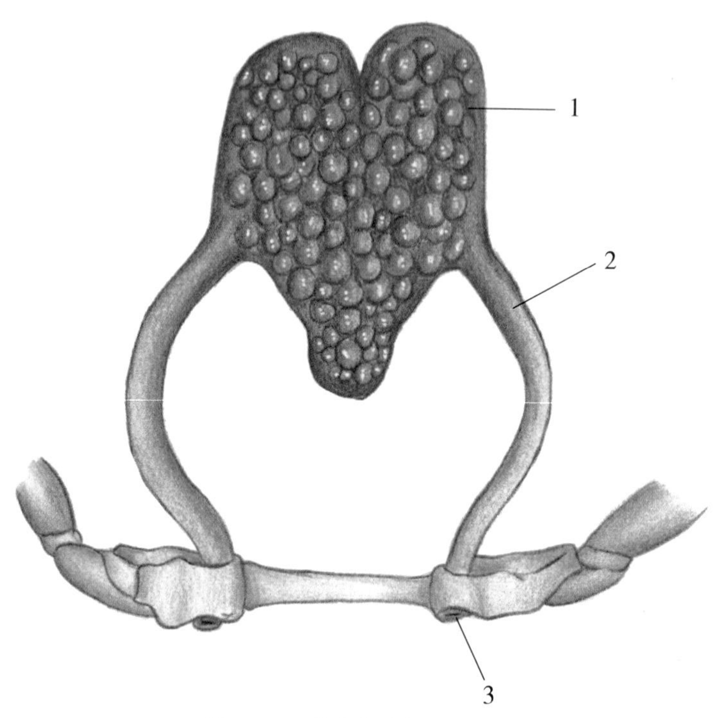

图 3-12　常见雌性螯虾生殖器

1. 卵巢；2. 输卵管；3. 输卵管开孔。

精巢（图 3-13，1）在形态上与卵巢有点类似，只是三片分叶更窄、更长：其后部中间的分叶位于心脏下方；前部两片分叶位于下方心脏与前方胃和肝脏的中间（图 2-4）。从精巢三个分叶的交会点处，引出了两条导管，被称为输精管（vasa deferentia）（图 3-13，2）。输精管又细又长，在抵达雄性螯虾最后一对步足基节处的开孔前还打了不少卷。这个开孔是输精管对外的开口（图 3-13，3）。卵巢和精巢在繁殖季节都会比平常大上数倍。在卵巢中可明显见到大颗的黄褐色卵子，而精巢在这一时期呈现奶白色。

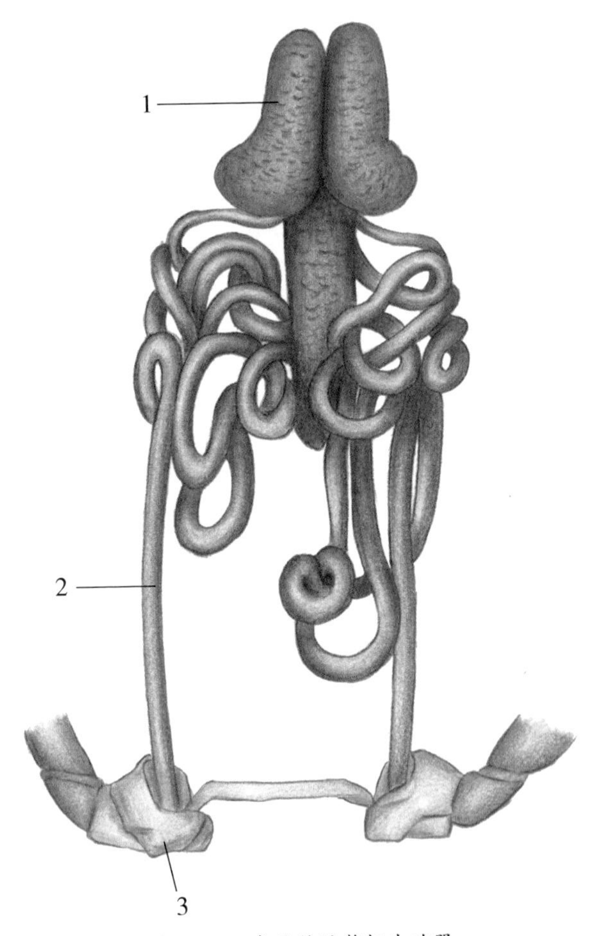

图 3-13　常见雄性螯虾生殖器

1. 精巢；2. 输精管；3. 输精管开孔。

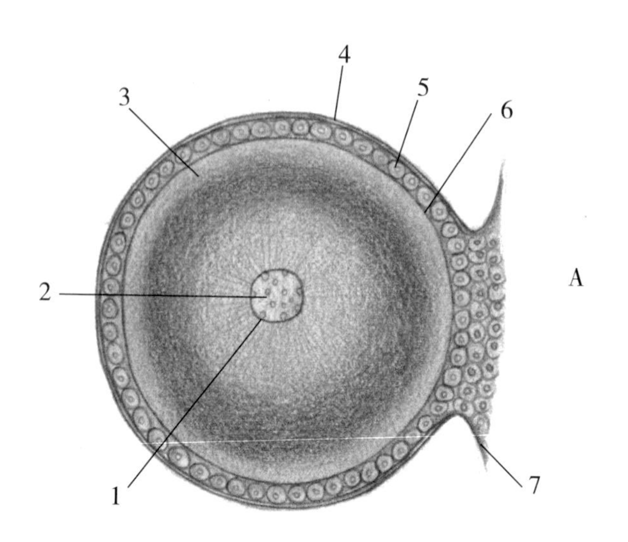

图 3-14 常见螯虾卵囊结构

A. 一个位于卵囊中的卵子；B. 一个从卵囊中取出的卵子；C. 卵囊壁部分及其内含卵子相邻部分。

1. 胚泡；2. 胚斑；3. 卵黄；4. 固有膜；5. 卵囊上皮细胞；6. 卵黄膜；7. 卵囊柄。

卵巢壁内部有一层有核细胞，与卵巢腔体一起被一层纤薄的无定形膜隔开。这些细胞的增殖会形成乳头状凸起，探入卵巢腔体中，并最终形成一个个带短柄的球状体，并被那层称为固有膜（membrana propria）（图 3-14，4）的无定形膜所包覆。这一结构被称为卵囊（ovisacs）。在生成卵囊的细胞团块中，会有一个细胞快速增大，并占据卵囊中心，其他细胞则围绕这一细胞形成外周层（图 3-14，5）。这一中心细胞即卵子（ovum）。其细胞核增大，成为我们所称的胚泡（germinal vesicle）（图 3-14，1）。与此同时，在胚泡中形成大量小体，平坦面向外，凸面向内，称为胚斑（germinal spots）（图 3-14，2）。随着细胞变大，其细胞质会变为颗粒不透明状，呈深黄褐色，即转变为卵黄。随着卵子不断生长，在卵黄与卵囊细胞之间会形成无定形的卵黄膜（vitelline membrane），像个袋子一样把卵子包裹其中。最后，卵囊破开，卵子进入卵巢腔体，并沿着输卵管下行，从开孔处排出体外。当卵子离开输卵管时，表面会覆盖一层黏性透明物质，从而让卵子附着于雌性螯虾的游泳足上，然后这层物质凝结固定。这样每个卵子都被包在硬壳中，并通过一个短柄悬挂起来。这个短柄的一端和卵子硬壳融为一体，另一端则固定于雌性螯虾游泳足上。游泳足在不断运动，因此这些卵子可以获得足够的蕴含空气的水分滋养。

精巢由大量微小球状囊泡（图 3-15）构成，它们像葡萄一样附生在由输精管末梢形成的短柄（图 3-15，2）末端。这些囊泡事实上可被视为输精管最纤细分支末端和侧面生出的物质。每个囊泡腔内都充满了沿腔壁排布的大型有核细胞（图 3-15，B），随着繁殖季节临近，这些细胞会分裂增殖。最后，还会经历形态和内部结构的奇异变化（图 3-16），每个细胞变成一个扁平的球体，球面上还有数根细长弯曲的芒。这就是螯虾的精子（spermatozoa）。

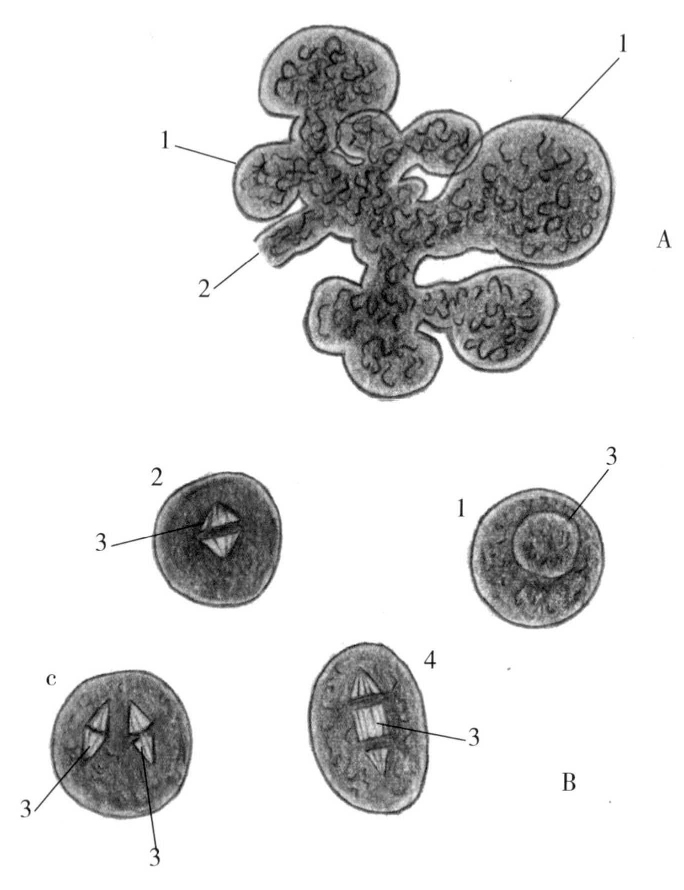

图 3–15　常见螯虾精巢结构

A. 精巢小叶；B. 精子细胞。
1. 囊泡；2. 输精管末梢；3. 细胞核；4. 一个正在分裂的细胞核。

精子在精巢囊泡中积聚，生成一种乳状物质，后者穿过细小的分支管道，并最终填充到输精管中。不过，这种物质中除了精子，还含有某种由输精管壁分泌的黏性物质，后者会包裹精子，并让精巢排放物呈现直径均一的细丝状。

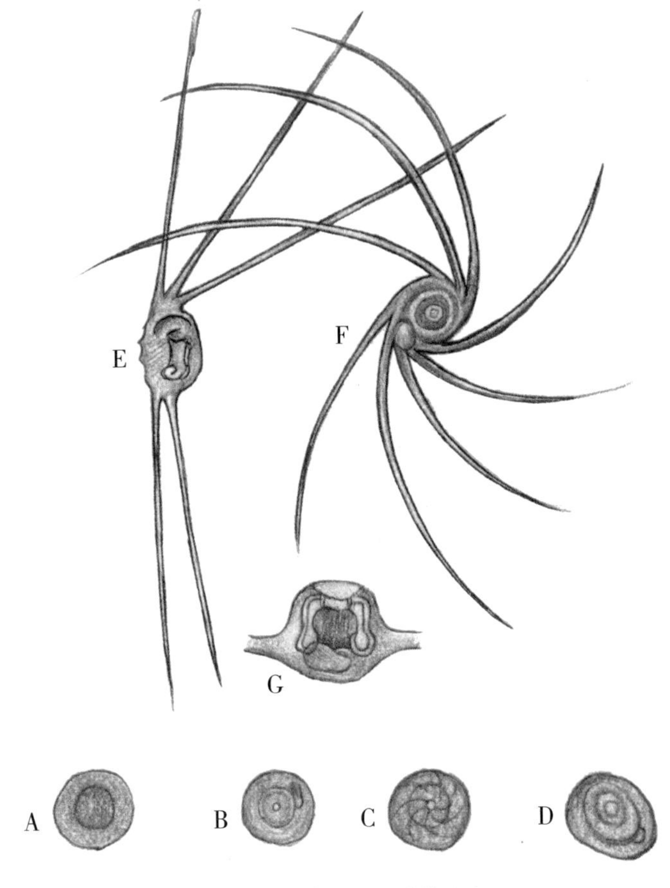

图 3-16　常见螯虾的精子

A–D. 精子从其种子细胞发育而来的不同阶段；E. 从侧面所见的成熟精子；F. 从正面所见的同一精子；G. 同一精子的垂直切面图。

卵子和精子的成熟与脱离均发生在初秋螯虾蜕完壳之后。这个时候，也就是繁殖季节中，雄性螯虾会以极大的热忱寻找雌性螯虾，以便把输精管中富含精子的精液排放并堆积到雌性螯虾胸后部和腹前部体节的腹板上。精液附着在雌性螯虾的这些部位，形成白浊的泥状团块。但是，这其中包含的精子是如何到达卵子处并且最终进入卵子的，机制还不明确。不过在其他动物身上发生的类似情况让我们无须怀疑，精子和卵子的结合必然会发生，并由此构成受精过程的本质环节。

没有精子进入的卵子不会受孕。受精的卵子则开始孕育螯虾幼体，其具体方式我们会在以后讨论到螯虾发育问题时展开。

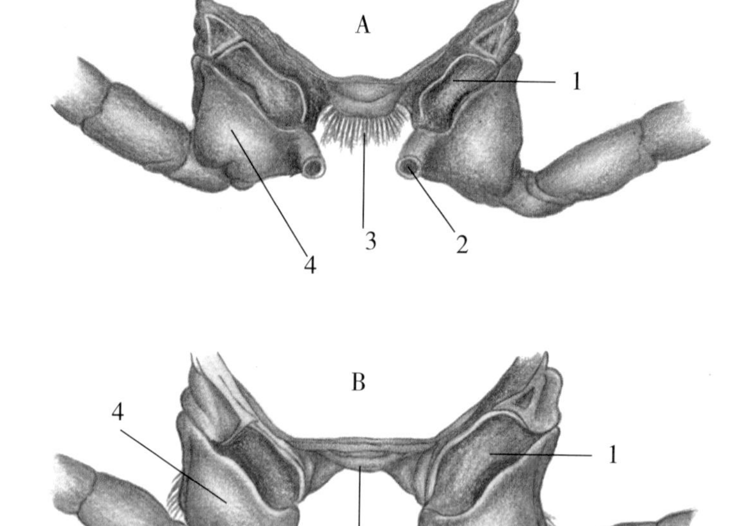

图 3-17 常见螯虾胸部腹板

A. 雄性螯虾；B. 雌性螯虾。
1. 关节膜；2. 输精管开孔；3. 最后胸部腹板；4. 基节。

[1] 作者原注：连接部位的活动轴可用构成该部位的连线来表示。

[2] 作者原注：我对这些现象的注意力最初来自我的朋友 Dr. M. Foster. F.R.S. 医生。我也对他表示了想要对螯虾神经生理学进行实验性研究的意愿。

[3] 作者原注：也可以这么说，严格来讲，只有那些与生物体直接接触的外部物体才能影响它——就好像发光体只有通过振动的以太，发声体只有通过振动的空气或水，或是散发气味的物体只有通过气体颗粒才能施加影响一样。只不过我更喜欢简单、直白的说法，而不是拐弯抹角。

[4] 弗朗茨・冯・莱迪希（Franz von Leydig），德国动物学家和比较解剖学家。

[5] 以太是古希腊哲学家亚里士多德所设想的一种物质。赫胥黎所生活的 19 世纪的物理理论认为以太是一种假想的传播媒介，光和电磁波必须在以太中才能传播。不过其存在被后来现代物理学所证伪。

[6] 约翰内斯・彼得・穆勒（Johannes Peter Müller），德国生理学家、比较解剖学家。

[7] 作者原注：由于视杆实际上是折射性较强的物质，而非空管，所以图 3-11 中所示并不代表那些以虚线表示的光线（以倾斜角度落在螯虾眼部任何角膜位置上）的真实路线。这些光线多少会折向那部分角膜视杆轴；不过其是否能够到达视杆顶点并影响到神经，还取决于角膜的曲率。其折射率以及晶锥的折射率，以及晶锥长度与厚度间的关系。

第四章

常见螯虾的形态学

——个体的结构与发育

在之前两章里，我们以一个生理学家的视角对螯虾进行了研究，也就是把螯虾看作一种生物机器，努力去揭示它是如何实施自身行为的。事实上，这种看待事物的方式和目的论者如出一辙。如果关于某种机制的目的，我们所知的一切均来自对其行为方式的观察，那么无论我们说这一机制的各部分的特性和彼此之间的联结决定了其行为模式，还是说因为要适应这些行为的实施才有了这些结构，其实都是一个意思。

所以，生理现象可以用目的论的语言来加以表述。如果假设个体的生存和种族的延续是动物机体得以存在的终极目的，那么当事实表明机体组织确实适合达成这些目的时，就可以从某种意义上解释机体组织的存在。不过，对“某种生物适合去实施那些它一直在实施的行为”这一不言自明式的命题，似乎并没有什么加以证明的必要。

但是无论目的论给出的解释是否重要，仍有大量的事实被我们忽略了，或者只是轻轻带过，这些都是目的论者未加考虑的。正是这些事实构成了形态学（morphology）的主题，如果要说形态学和生理学之间的关系，其实就好比是晶体学和矿物物化性质研究之间的关系一样。

比如我们可以说，碳酸钙是由钙、碳和氧构成的化合物，具有各种不同的理化性质。我们也可以从另一方面入手，把它作为一种具有结晶形态的物质来研究，这些形态虽然变化万千，但都可以归为特定的几何构造。晶体学家的工作就是归纳这些形态之间的关系。在这个过程中，他并不关注碳酸钙的其他性质。

与此类似，形态学家的关注点聚焦于同一动物的不同部位，或不同动物的形态之间的关系。即使动物只是一种死物，没有任何生理特性，就像某种具有特殊生长模式的矿物体一样的存在，也不会改变这些形态关系。

关于目的论和形态学之间的区别，可以用我们人类建造的房屋为例子，来做一个类比。

一幢房子的存在在很大程度上当然是符合目的论的，它的结构也可以用目的论的推理来加以阐释。屋顶和墙壁是为了遮风挡雨。地基是为了提供支撑并隔开潮气。第一个房间用来作厨房；第二个用来当煤窑；第三个是餐厅；其他还有卧室等。门窗、烟囱、排水管，这些精巧程度不一的结构都是为了同一目的，就是让房子里的屋主住得舒适、健康。我们有时称这些东西为卫生架构，它们都是基于房屋的目的论进行考量的。但是，尽管所有房屋的首要和根本目的都是为居住者提供庇护和舒适的环境，但我们也经常从另一个视角来看待房屋，很大程度上忽略其对目的的适应，而主要关注建筑师所给予房屋的外观形态。一幢房子，可能是哥特风格的、意大利风格的，或者是安妮女王风格的。任何一种建筑风格的房子也都和其他房子一样，住起来可能方便，也可能不方便；可能很适合居住者的需求，也可能不适合。但这三种风格却是截然不同的。

回到螯虾身上，螯虾的身体在某种程度上就相当于一幢房子，房子里有不少房间和办公场所，诸如喂食、呼吸、移动和繁殖自身等的工作就在不同的房间完成。不过，对于螯虾那些水里的邻居，比如鲈鱼或者钉螺，我们也可以沿用同样的类比。后两者就自身所处的环境而言，以生存为目的的各种行为和螯虾相比，也称不上谁做得更好或更坏。但即使是最为粗浅的观察者，也会看出这三者之间“建筑风格”的差异，甚至要比哥特式、意大利式或是安妮女王风格的房子之间的差异更大。

所以，建筑学之于建筑，就是纯粹的形式之于艺术；而形态学之于动植物，就是纯粹的形式之于科学。有了这些铺垫，我们便可以开始专注于螯虾形态特征方面的研究了。

就像我之前提到过的，在研究螯虾的生理特征时，我们可以对这种动物的身体采取最简单的形态学表述，也就是把它看成一个圆柱体，两端封闭，只是内部被消化道穿过；或者也可以把它看成一根管子，里边套着另一根管子，两根管子的边缘在两端愈合。外侧的管子有一层壳多糖外层或表皮，并一直延续到内侧管子的内表面。目前我们可以先忽略壳多糖外层，并认为外侧管壁的最外层对应于高等动物的表皮（epidermis），内侧管壁的最内层对应于上皮（epithelium），其均由单层有核细胞构成。因此，螯虾身体外侧和内侧的游离面均可见连续的细胞层。只要这些细胞属于身体的外体壁，它们就构成了外胚层（ectoderm）。同样，只要它们属于内体壁，它们就构成了内胚层（endoderm）。在这两层有核细胞之间就是身体的所有组成部分，包括结缔组织、肌肉、血管、神经，所有这些组织（神经节除外，其应属于外胚层）也都可以看作一层。只是其厚度较大，因为位于外胚层和内胚层之间，所以被称为中胚层（mesoderm）。

如果螯虾的肠在后部末端闭合，而不是在肛门开口，那螯虾就像是一个拉长的囊，其口部就是消化腔的入口：围绕这个空腔，刚才提到的内胚层、中胚层和外胚层以同心圆方式分布。

我们之前说过，螯虾的身体可明显分为 3 个区域——头部（cephalon）、胸部（thorax）和腹部（abdomen）。通过体节的大小及其可活动的性质，我们一眼就能将腹部分辨出来。胸部和头部在外观上的分界只有颈沟。不过，如果我们把头胸甲移除，就会发现之前提到过的位于颚舟叶的内褶会清晰划分出头部和胸部间的自然界线。进一步观察还可发现，螯虾总共有 20 对附属器，其中最后面的 6 对位于腹部。如果再仔细取下剩下的 14 对，会发现其中 6 对附于头部，8 对附于胸部。

现在，我会来进一步探讨腹部区域的细节。构成腹部的共有 7 个可活动区段，其中排除尾节后的 6 个区段，可表述为一种形态学单元，螯虾的整个身体组织就是通过这种单元的重复来构成的。

如果我们沿第四和第五段之间的分界以及第五和第六段之间的分界对螯虾腹部进行横切，就可以把第五段单独拿出来进行研究。这一单元所构成的就是我们所称的体节（metamere），可分为中间部位的原体节（somite）和两个附属器（appendages）。

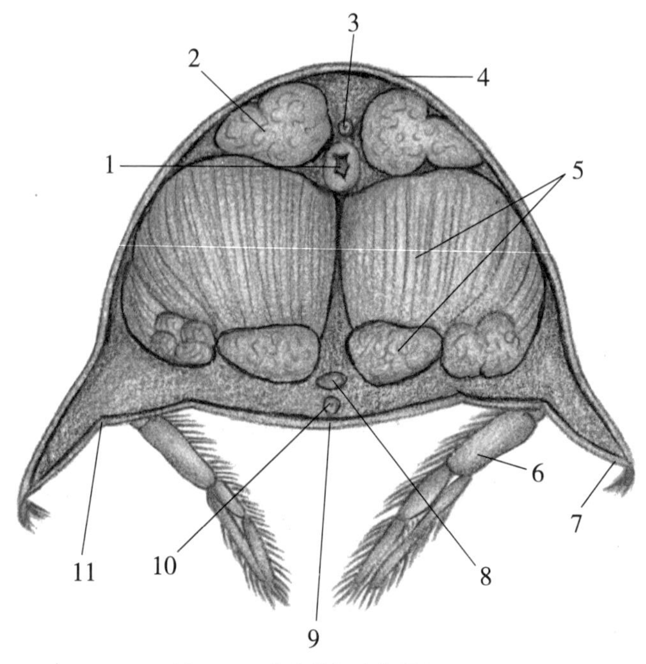

图 4-1　常见螯虾腹部横切面

1. 后食道；2. 伸肌；3. 上腹动脉；4. 体节背板；5. 屈肌；6. 体节附属器；7. 体节侧板；8. 第五腹部神经节；9. 体节腹板；10. 下腹动脉；11. 体节后侧板。

我们之前已经把腹部体节的外骨骼分成了好几个区域。虽然它们实际上是浑然一体的，但为方便起见，我们还是用腹板（sternum）（图 4-1，9）、背板（tergum）（图 4-1，4）和侧板（pleura）（图 4-1，7）来区分它们，就好像它们是彼此分开的部件一样，并且把位于附属器接合处与侧板之间的腹侧区域称为后侧板（epimeron）（图 4-1，11）。采用这套命名法后，我们就可以说腹部的第五体节包含一段外骨骼，其可分为背板、侧板、后侧板和腹板，两个附属器与腹板相结合。这个体节还包含一个双神经节（图 4-1，8），一段屈肌（图 4-1，5）和一段伸肌（图 4-1，2），以及一部分的消化系统（图 4-1，1）和血管系统（图 4-1，3、10）。

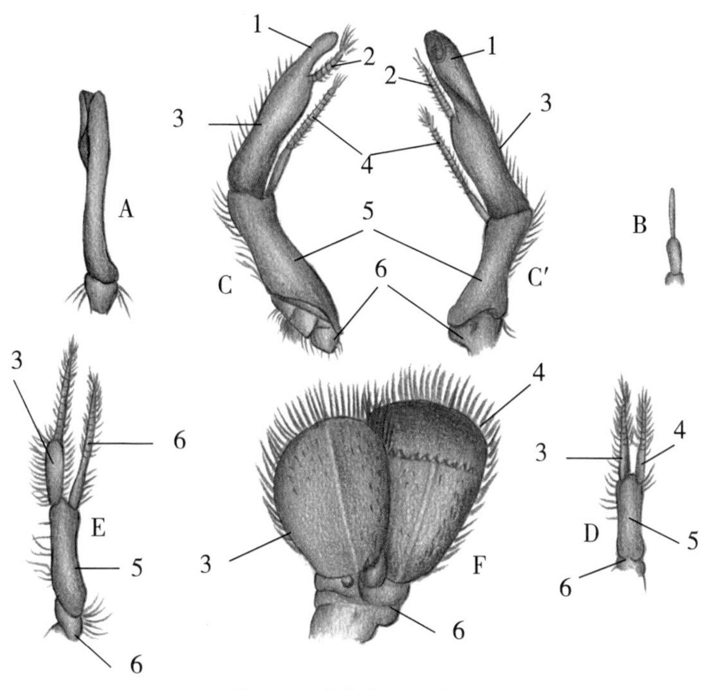

图 4-2　腹部左侧附属器

A. 雄性螯虾第一附属器后侧面；B. 雌性螯虾第一附属器后侧面；C、C′. 雄性螯虾第二附属器的后侧面与前侧面；D. 雄性螯虾第三附属器；E. 雌性螯虾第三附属器；F. 第六附属器。

1. 内肢上内卷的片状物；2. 内肢上的多节末端；3. 内肢；4. 外肢；5. 基节；6. 底节。

附属器（图 4-1，6）附生于腹板与后侧板之间的关节腔，其本身呈短柄状，自下而上地组成。附属器首先是一个非常短的基部节，称为底节（coxopodite）（图 4-2，6），然后是一个与之相连的、较长的圆柱形第二节，称为基节（basipodite）（图 4-2，5），两个部分合称原节或原肢（protopodite）。在原肢游离端，附有两个扁平的窄片状结构。位于原肢内侧的，称作内肢（endopodite）（图 4-2，3）；另一个着生于原肢游离端外侧稍高一点位置的，称为外肢（exopodite）（图 4-2，4）。外肢在长度上要比内肢短。内肢从附着端起的一半较宽，不分支；另一半偏窄，且分为多个小节，但是这些小节之间并没有确定的接合点，只是因为外骨骼从下到上的逐节收缩而彼此隔开。外肢也是类似的结构，只是未分节部分更短、更窄。外肢和内肢的边缘均有较长的刚毛。

雌性螯虾的第三、第四、第五体节上的附属器比雄性螯虾长（对比 D 和 E，图 4-2）。

第四到第五体节及其上的附属器都可以用同样的术语来加以指称；第六体节的各对应部分虽也不难辨认，但其附属器（图 4-2，F），也就是构成螯虾尾扇侧部的附肢，第一眼看上去和前面的体节附属器大不相同。除了外观，它们的大小和前面体节上的附属器也相差甚远。但是，它们也和前方附属器有类似构成，其包含一个基部的柄，也就相当于原肢（图 4-2，6）。不过，这个原肢又宽又厚，而且并不是分为两节，还包含末端两个椭圆形的平板状结构，分别对应内肢（图 4-2，3）和外肢（图 4-2，4）。外肢被横贯其上的一道缝线分成两段，其中较大的一段靠近基部，上面分布有短脊刺，分布在外缘的两排脊刺尺寸更大一些。

腹部第二体节要比第一体节长（图 1-1）。该体节的侧板非常宽大，但第一体节的侧板较小，且一部分被第二体节侧板前缘遮盖。

雌性螯虾的第二、第三、第四、第五体节的附属器构成相似，不过第一体节（图 4-2，B）却有显著不同。事实上，这个体节有时候完全没有附属器；有时候一边有，一边没有；有时候则两边都有。但即使这些附属器没有缺失，它们也总是很小；原肢上仅仅附生了一些不完全接合的细丝，似乎就是其他附属器上的内肢了。

雄性螯虾腹部第一、第二体节的附属器不仅尺寸较大，而且形态与后面的附属器相比也差异较大，其中第一体节附属器要比第二体节的更为独特。对于后者（图 4-2，C、C'），其原肢（图 4-2，5、6）、内肢（图 4-2，3）和外肢（图 4-2，4）等结构一应俱全，只是原肢经过了特别改造。其不分节的基部较大，在内侧变形为薄片状（图 4-2，1），且在长度上稍稍超过分节部分的末端（图 4-2，2）。这一薄片结构的内侧半边卷起，形成一个中空的圆锥体，就好像一个灭烟口一样（图 4-2，1）。

第一体节的附属器（图 4-2，A）是一个不分节的针状物，似乎是由对应后方附属器原肢的部分和内肢基部内侧延长合并形成的。这一附属器末端的一半实际上是较宽的片状，在尖端稍稍裂成两片。不过这一片状物的边缘内卷，前半部卷成圆形，将后半部分掩盖住。它会形成一个两端开口的管道状，只是在后部被部分封住。

通常，这两对经过奇怪改造的附属器一般折向前方，抵住胸后部腹板，收于胸后部足肢基部之间的空隙处（见图 1–3，A）。它们的作用类似导管，让雄性螯虾排出的精液可以从输精管开孔进一步导到其最终的目的地。

如果我们仅仅把目光投向螯虾腹部第三、第四、第五体节，显然这几段体节及其附属器，还有体节分成的多个区域不仅在形态上彼此对应，而且与整个腹部总体规划的关系也是一致的。换句话说，就是我们如果给其中一个体节画出图解，就可以适用于全部三个体节，彼此只是有极细微的变化。可以说，这些体节是基于同一规划构建的，就好像一名建筑师宣称三幢房子是基于同一规划建造，只是在立面和内部装潢方面略有差别一样，这一点仅靠观察就可以断言了，无须太多假设。

用形态学的术语来说，这种组织规划的一致性被称为同源性（homology）。因此，可以说，不仅正在讨论的这几个体节及其附属器是彼此同源的，而且体节的各个区域及附属器的各个分段也是同源的。

当我们把这种对比扩展到腹部 6 个体节，就会发现尽管这些体节间存在明显差异，彼此间各部分的同源性也是不容否认的。沿用之前的类比，就相当于建筑物的平面图是同一幅，只是比例有所不同。对第一、第二体节也是如此。比如雄性螯虾第二对附属器和一般附属器的区别，就好像是房子多修了一个门廊或者塔楼；雌性螯虾的第一对附属器就好像大厦的一边侧厅还没修好；至于雄性螯虾的第一对附属器，就好像把所有房间都打通成了一间。

我们还可以进一步类比，就像一排按照相同规划建造的房子可以被用于不同用途，比如一幢作为住宅，一幢作为仓库，另一幢作为报告厅一样，螯虾的同源附属器也可以用来实现不同功能。而且就好像住宅、仓库和报告厅虽各有用途，但丝毫不能帮助我们理解为什么要把它们都建在同一个总体规划上。因此，螯虾腹部附属器对各自功能的适应性也不足以解释为什么这些部件是同源的。与其相反，如果每个部件都是按照自己分配的功能来进行构建，以便将这种功能发挥至最大，而不考虑其余部分，这不是更简单明了一点吗？要知道，如果一个建筑师坚持按照哥特式大教堂的风格规划、建造一座城镇里的每一座建筑，他的这种做法是不能以是否适宜居住或是否方便为理由来解释的。

在螯虾的头胸部，体节的划分乍看并不明显，其背部表皮覆盖有连贯的盾状甲壳，只是由一道颈沟划分出头部和胸部区域。但即使在这个部位，如果我们把胸部横切面和腹部的切面相对照（图 2-7 及图 4-1），就会发现两者的背板和腹板区域仍有对应关系，而鳃盖相当于高度特化的侧板；至于从附属器基部延伸至鳃盖附着处的鳃室内壁，就相当于放大版的侧后板。

如果我们检视头胸部的腹板侧，会发现体节间的分段迹象更为明显（图 1-3 及图 4-4，A）。在胸部后两对步足之间，能明显分辨出腹板，只是这腹板比起腹部体节的对应区域要窄得多，而且形状也不同。

一条深深的横向褶皱将这块最后方的胸部腹板和头胸

部其余腹侧体壁分开，并向上延伸到鳃腔的内壁或后侧板壁。这样，最后一个胸部体节的腹板和后侧板部分就和前方体节自然划分开了。

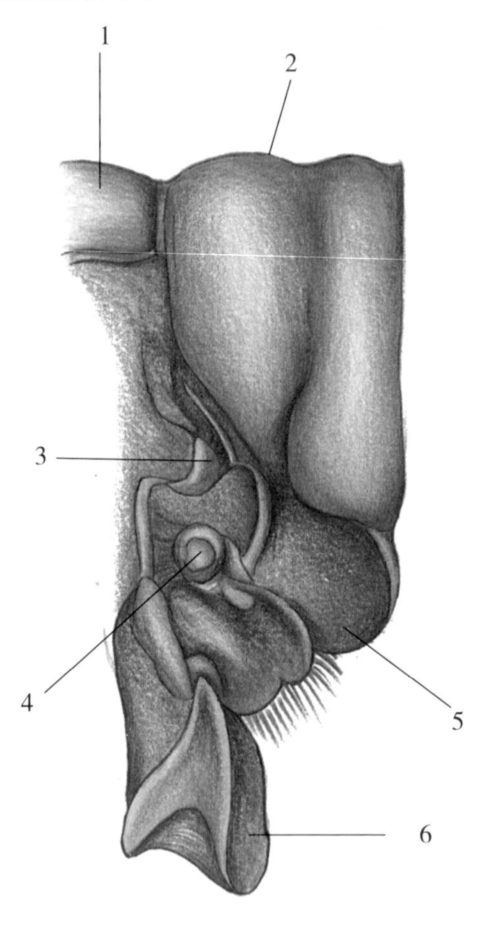

图 4-3 常见螯虾胸腹部间的连接模式

1. 头胸甲；2. 腹部第一体节的背板；3.L 形条；4. 侧鳃附着处；5. 腹部第一体节的腹板和背板；6. 最后一对步足的底节。

这一体节的后侧板区有一个非常奇怪的结构（图4-3）。在附属器的关节腔正上方，有一个盾形片，其后部边缘向外弯曲，呈尖锐凸出状，且附生刚毛。接近这一片状物上边缘的位置，有一个圆形穿孔（图4-3，4）。这个孔边就是最后一个侧鳃轴的附着处（图1-4，13）；但在这前面，其通过一个细颈状结构和一片细长的三角片连接，呈垂直排布，位于将胸后部体节与其余前部体节分开的褶皱中。这个三角片状物的基部与倒数第二体节的后侧板连接在一起。其顶点与一条L形钙化条水平臂的前端相连（图4-3，3），而这一钙化条垂直臂的上端与腹部第一体节背板的前方和侧方边缘紧密相连，但具有活动性。腹部较大的肌腱就固定在与这一结构接近的位置。

腹板和盾形的后侧板片构成了一个坚固且连续的钙化骨骼构件，胸部靠后的几对足附着其上。而且由于这一结构与前后体节除在盾形片处相联以外，仅由软质表皮相连，再通过三角片状物和前方后侧板介导，使得整个结构能在这个完成度不算高的铰链构造帮助下，实现前后自由活动。

腹部第一体节以及整个腹部，也同样借助L形条和三角片组合形成的铰链结构实现节间活动。

在胸部其余区域，多个体节的腹板和后侧板紧密连在一起。不过，与表皮上褶皱相对应的浅沟从足肢的关节腔间隔处一直延伸到鳃室内壁的背侧端，从而把那些带腹板体节的后侧板部分彼此分隔开来。

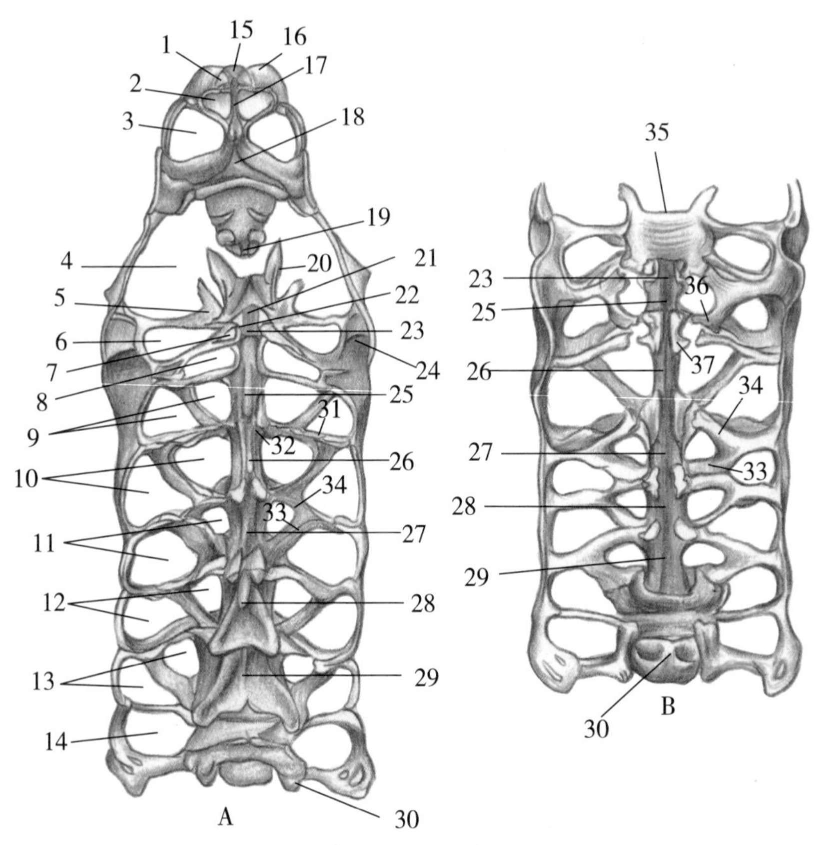

图 4-4 常见螯虾头胸骨及内隔系统

A. 顶视图；B. 俯视图。

1~14. 头胸部附属器关节腔；15. 头胸部腹板；16. 大触角所在体节后侧片；17、18. 头胸部腹板；19. 上唇；20. 后唇；21~30. 头胸部腹板；31、32. 足肢关节腔之间的分隔，或称关节隔；33、34. 侧内骨后部水平凸起；35. 头皮内突；36. 外隔；37. 中隔。

在关节腔上方一小段距离处，有一道横沟把后侧板下部一个接近方形的区域与后侧板其余部分分隔开来。在紧靠着胸部最后体节的两个体节的前上角，有一个小圆孔，正是那条未发育鳃的附着处。这些后侧板的特定区域实际上是与最后部体节的盾形片相对应的结构。在头部第二节体节（第一对步足所在）上，在未发育完全的鳃的所在位置，仅有一个小隆起；而在胸部前四个体节上，什么都没有。

在胸部腹板一侧（图 1-3；图 4-4，A），倒数第二对和倒数第三对步足的基节之间各嵌入了一个三角形空间，在其前方的步足、基节之间更加紧凑。我们所讨论的这两个三角形区域其实是两块腹板（图 4-4，28、29），其侧边凸起，呈凸缘脊状。在更前面的两块腹板（图 4-4，26、27），尤其是螯足之间的那块腹板（图 4-4，26）更长，但也很窄；其侧边的凸起不明显，仅表现为腹板后端的小疣粒。在三对颚足之间的腹板（图 4-4，22、23、25）更窄，而且逐节缩短。不过，在其后端仍可见小疣粒。这些腹板形成的杆状结构最前端逐渐演变为一个横向拉长的平板，形状像一个宽箭头（图 4-4，21），这其实是头部后两个体节的腹板合并而成的。

在这个箭头前方与拉长的口部开孔后端之间，腹侧区域仅覆盖软质的、未完全钙化的外皮，其在口部后方两侧演变为后唇（图 4-4，20）的各一个瓣。在这两个后唇瓣的基部，各有一个钙化片，并由一道倾斜的缝合线彼此合并，这个钙化片的长度与前面的唇瓣相当，并使其稳固。软而窄的后唇瓣构成了口器的侧部，并且位于后唇和上颚之间，在前方与上唇的后侧面相连（图 4-4，19）。

在口部前方，腹侧区域是一个明显的宽板状（图 4-4，18），其中的一部分与大触角相连，另一部分与下颚相连，称为口上板（epistoma）。口上板中部后缘1/3处凸起一道加厚的横向脊，后方略下凹，随后与上唇相联（图4-4，19）。上唇有三对纵向分布的钙化物，起到加固作用。口上板前缘两侧下凹，与大触角基节的关节腔相连（图4-4，3）。不过在中线上却继续向前演变为一个矛头状的凸起（图4-4；图4-5），大触角所在的腹板后端也参与形成了这一结构。大触角所在的腹板非常窄，其前上末端演变为一个虽然较小但明显成圆锥状的中脊（图4-5）。在这个中脊上方是一个未钙化的片状结构，内褶形成一个半圆柱，位置在两个眼柄内侧末端之间。而且这一结构与邻近部分仅通过柔质外皮相联，因此可自由活动。这个结构可认为是眼部所在体节的全部腹侧区域，甚至还包括这一体节的更多区域。

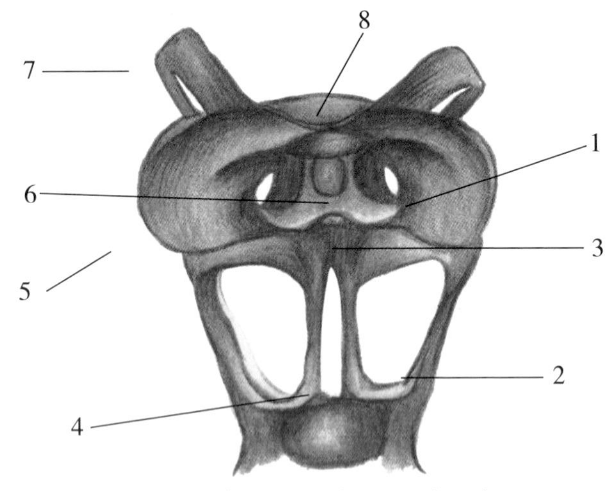

图4-5　常见螯虾眼部及小触角体节

1. 眼柄关节面；2. 小触角关节面；3. 疣突；4. 小触角腹板；5. 后侧板片；6. 眼部腹板；7. 头前部凸起；8. 额剑基部。

这样一来，头胸部 14 个体节的腹板都可以被辨识出来了。在胸部，相应的后侧板就是鳃室的薄内壁；而侧板就是鳃盖；至于背板，则位于颈沟后方的头胸甲中部区域。位于颈沟前的头胸甲部分代表了头部的背板；沿口部及口前部区域边缘而分布，在侧面终止的低矮脊状结构就代表了头部体节的侧板。

头部的后侧板大部分极窄。不过小触角所在体节的后侧板为宽板状（图 4–5，5），构成了眼眶的后壁。我还是倾向于认为，在额剑基部与上述后侧板合并的一道横脊就是小触角所在体节的背板，额剑本身就是大触角所在体节的背板。[1]

额剑的锋利侧缘（图 4–6）引出有时单个、有时两分的脊刺，其在眼部所在体节前方下行，向之前提到的圆锥状凸起物的位置延伸：可以认为是眼眶之间的不完全分界。

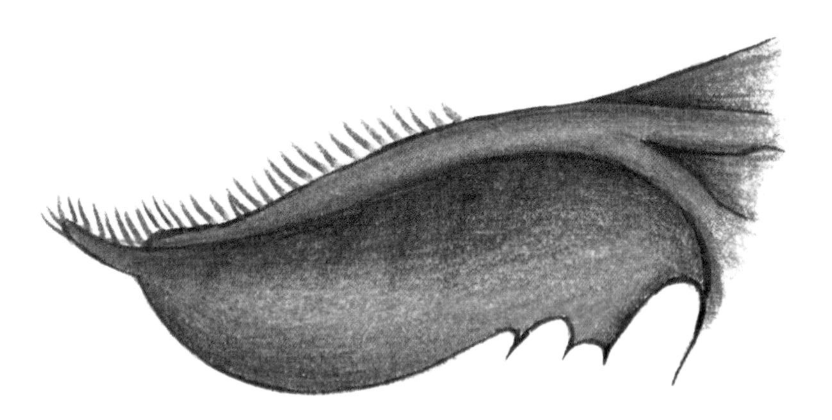

图 4–6　常见螯虾额剑左侧视图

整个胸部和头口后部腹板壁的内面为一个复杂的硬质构件，被称为内隔系统（endophragmal system）。其为肌肉提供附着点，保护重要的脏器，有一定内骨骼的作用，同时又把各个体节连接在一起，使其成为一个坚固的整体结构。但实际上，组成内隔系统的各种奇形怪状的柱条和隔板都不过是表皮的内褶而已，或称其为支条（apodemes）。所以，在蜕壳过程中它们和其他表皮结构一起蜕下。

在剔除细枝末节的情况下，构建内隔骨骼的一般方式可陈述如下。每两个体节之间长有四根支条，由于每根支条其实都是表皮的内褶，所以，支条的前壁来自前面的体节，后壁来自后面的体节。这四根支条都位于体节的腹侧，形成单个横贯结构，其中两条接近中线，被称为腹内骨（endosternites），另外两条离中线远一点，称为侧内骨（endopleurites）。前者位于足肢基节关节腔之间，也就是关节隔（arthrophragms）（图 4-4；图 4-7）的内侧末端，后者位于其外侧末端，它们部分源自关节隔，部分则分别来自腹板和后侧板。

腹内骨（图 4-7，10）在垂直方向上抬，微向前倾斜，其顶部变窄，呈柱状，柱头扁平且横向拉长。柱头拉长部分的内侧称为中隔（mesophragm），外侧则称为外隔（paraphragm）。一个体节的两根腹内骨的中隔通常会由一道中缝连接在一起，并由此在腹管（图 4-7，5）上方形成一个完整的拱形。所谓腹管，就是腹内骨之间的腔体。

侧内骨（图 4-7，6）也呈垂直片状，不过相对较短，其内侧角上生出两条几乎呈水平的凸状物。其中一条向前倾斜，与前方体节的腹内骨外隔相连接；另一条则向后倾斜，以类似方式与后方体节的腹内骨相连。

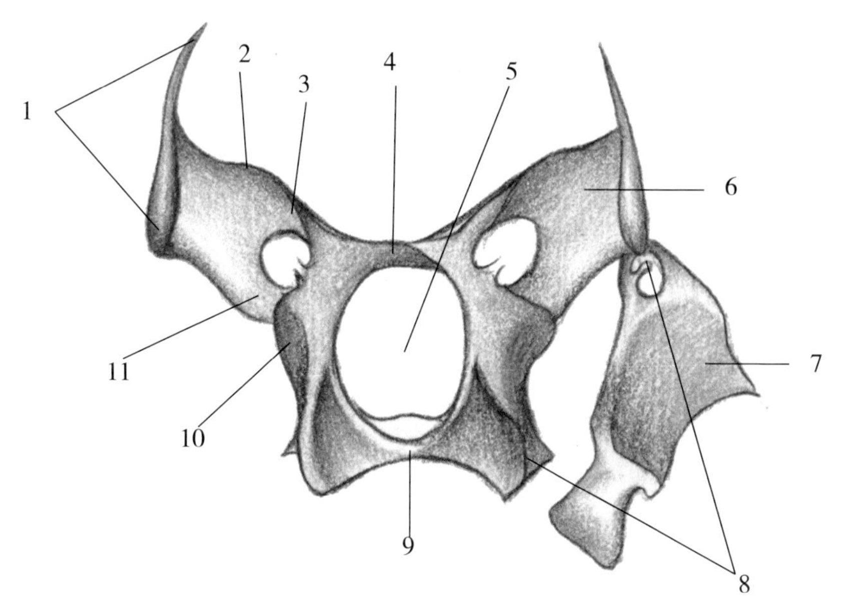

图 4-7 常见螯虾内隔系统

1. 后侧板；2. 侧内骨水平凸起；3. 外隔；4. 中隔；5. 腹管；6. 侧内骨；7. 步足底节；8. 滑动关节腔或关节腔；9. 体节腹板；10. 腹内骨；11. 关节隔。

胸部最后一个体节的侧内骨未发育，腹内骨也很小。另一方面，在头部最后两个体节，也就是内隔系统前方终止之处的腹内骨凸起（图 4-4，B，35），却异常发达、坚固，且彼此紧密连在一起。这样，它们和所属的侧内骨一起，形成了一个坚固的分隔。在其上方是胃，下方则是前胸部和头后部合并神经节团块的所在。这一分隔的前外侧角有十分牢固的凸起。这一凸起围绕上颚内收肌的肌腱弯曲，并为外展肌提供附着处。

在口部的前方并没有像后方这样的内隔系统。不过，胃前部肌肉所附着的两个平坦钙化板就位于额剑基部两侧的头部内（实际上是位于其上前壁），被称为头前部凸起（procephalic processes）（图 4–5；图 4–9）。这些钙化板构成了一个窄腔的后壁，这个窄腔向外开，与眼眶顶部连接，被认为是一个嗅觉器官（但我觉得并没有充足证据能够证明）。尽管并不能提供完整证据，不过我倾向于认为头前部凸起其实是“头前叶”的表征，后者是胚胎螯虾前端身体的终止处。至少这两者与眼部和头胸甲的相对位置是一样的。在成年螯虾中，这些凸起的隐蔽位置恰好来自额剑基部头胸甲的延伸部分，并位于原先游离的头部腹侧表面的前部。因此这一部分覆盖了头前部凸起，也是身体腹侧壁的终止处。前方的腔体只不过是头胸甲延伸部分后下壁和这些头部表皮区域中原先暴露在外一面之间的空隙而已。

目前，我们在头胸部分出了 14 个体节，加上腹部 6 个明显的体节，可以说，每一对附属器都对应一个体节。而且，如果假设头胸甲也对应于头胸部的腹板分出体节，那么螯虾的整个身体就共有 20 个体节，每个体节有一对附属器。不过，由于实际上头胸甲并没有像其所覆盖的腹板那样分出对应的背板，我们从目前解剖学所能得出的唯一可靠结论是，头胸甲代表体节的背部区域，但未必是原先分开的背部合并而成的。在头部和胸部的大部分区域，体节都是固定在一起的，只有胸部最后一个体节有部分自由度，可小幅度活动，但腹部的体节都是不固定的，通过铰接的方式彼此连接，可自由活动。在身体前端，很明显大触角所在体节的背侧区域演变出额剑，其从两眼间位置凸出，并向外延伸。而在后端，尾节正是最后一个体节对应的中部分节，且其通过形成铰接而实现上下活动。胸前部体节的腹侧部分收窄，加上头后部侧腹部分的突然加宽，在颚舟叶所在位置形成了一个侧向内褶（图 4–4，24）。这一内褶所标出的界限与头胸甲表面的颈沟对应，是头部和胸部之间的分隔。在这一界限后方的，是三对颚足（图 4–4，7、8、9）、一对螯足（图 4–4，10）和四对步足（图 4–4，11~14），以及这些附属器所在的八个体节（图 4–4，22~30），这些都归属于胸部。至于两对上颚（图 4–4，5、6）和一对下颚（图 4–4，4），以及大触角（图 4–4，3）、小触角（图 4–4，2）、眼柄（图 4–4，1），加上这些附属器所在的六个体节，则位于这一界限前方，归属于头部。

另一个需要注意的要点是，在口部前方，大触角所在体节的腹板（图 4–10，18）与口部后方腹板呈 60° 或 70° 的倾斜角。眼部所在体节腹板朝向上前方，小触角所在体节的腹板与前者成直角。因此，位于额剑下的头前部尽管朝向上前方，但和其他体节的腹侧方向其实是同源的。正因为腹板角度不同，才使得大触角和眼柄的方向与其他附属器截然不同。口前方腹板面方向的变化，被称为头曲（cephalic flexure）。

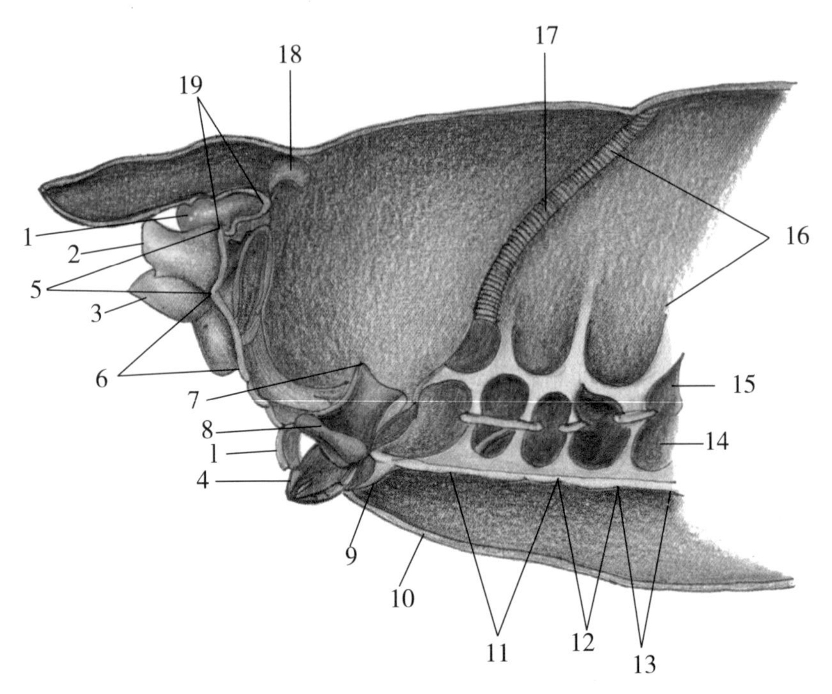

图 4-8 常见螯虾头胸部纵切面

1. 眼柄；2. 小触角基节；3. 大触角基节；4. 下颚；5、6. 头胸部体节腹板；7. 下颚用于附着肌肉的隆起；8. 下颚咀嚼面内侧段；9. 后唇；10. 头胸甲游离边缘；11~13. 头胸部体节腹板；14. 腹内骨；15. 侧内骨；16. 后侧板片；17. 连接后侧板与头胸甲内侧的肌肉；18. 头前部凸起；19. 上唇。

既然覆盖螯虾躯干的外骨骼是由与腹部体节同源的体节所构成，那么我们也可以期待，虽然头部和胸部的附属器看上去与腹部的完全不同，但说不定也可还原为共同的规划。

在这些头胸部附属器中，第三对颚足是最为完整的，正好方便作为对这一系列附属器研究的起始点。

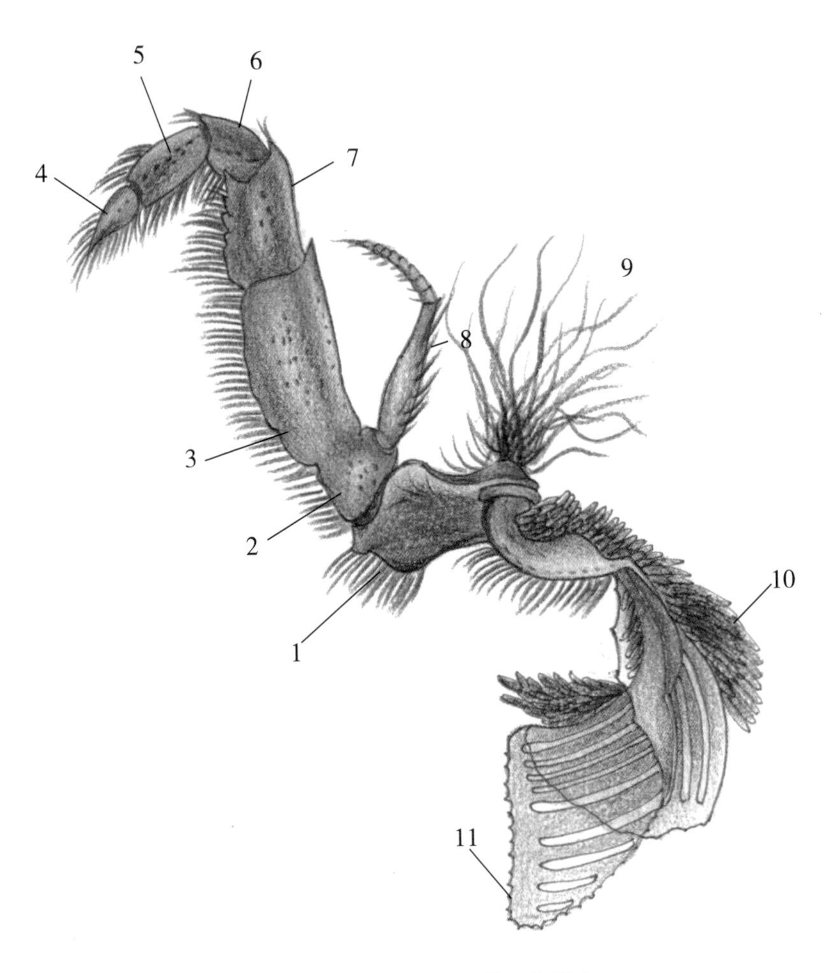

图 4-9　常见螯虾左侧第三条颚足

1. 底节；2. 基节；3. 坐肢节；4. 趾肢节；5. 跗肢节；6. 胫肢节；7. 股肢节；8. 外肢；9. 底节刚毛；10. 足鳃的鳃丝；11. 足鳃的叶状部。

如果我们暂时忽略细节，可以认为第三条颚足由三部分构成：第一部分是基部（图 4-9，1、2）；第二部分是两个朝向前方，位于口下部的末端分支（图 4-9，3、

4、8）；第三部分是位于后方，伸入头胸甲下鳃室中的附件（图 4-9，10、11）。最后那个附件就是鳃，或者称作附着于这一足肢的足鳃。在腹部足肢中是没有这种结构的。但如果我们把目光投向颚足的其余部分，可以明显发现，其基部（图 4-9，1、2）就相当于原肢，两个末端分支则分别对应于内肢和外肢。先前的观察表明，腹部附属器的同源部件分节程度也各不相同，可能呈各节彼此连接的片状，也可能分成多个节。在颚足中，基部分为了两节。和腹部足肢一样，与胸部相联的第一节称为底节（coxopodite）（图 4-9，1），而第二节则称为基节（basipodite）（图 4-9，2）。其内肢粗壮如腿，看上去是基节的直接延伸；而外肢要纤细得多，附于基节外侧。这外肢还有点像腹部足肢的外肢，由一个不分节的基部和多节的末端细丝状结构组成。内肢则与外肢相反，看起来巨大且有力，分成五节，从最靠近基部向上分别为：坐肢节（ischiopodite）、股肢节（meropodite）、胫肢节（carpopodite）、跗肢节（propodite）和趾肢节（dactylopodite）。

第二条颚足（图 4-10，B）的构成与第一条颚足大致相同，不过外肢（图 4-10，8）相对更大，内肢（图 4-10，11）则较小而柔软；在第三条颚足上，最长的节是坐肢节（图 4-10，3），而在第二条颚足上，最长的则是股肢节（图 4-10，4）。至于第一条颚足（图 4-10，A），则有较大变化。其底节（图 4-10，1）和基节（图 4-10，2）变成宽大薄板状，切边生有刚毛；内肢（图 4-10，

11）较短，而外肢（图4-10，8）的不分节部分极长。本应是足鳃所在的位置被一片完全没有鳃丝的宽大软质膜状片所取代。因此，我们看到在一连串胸部足肢中，自第三颚足向上，虽然附属器的结构仍保持一致，但也有以下几点区别：①原肢的相对尺寸增大；②内肢缩小；③外肢增大；④足鳃最后变成了一个宽大的膜状片，而失去了鳃丝。

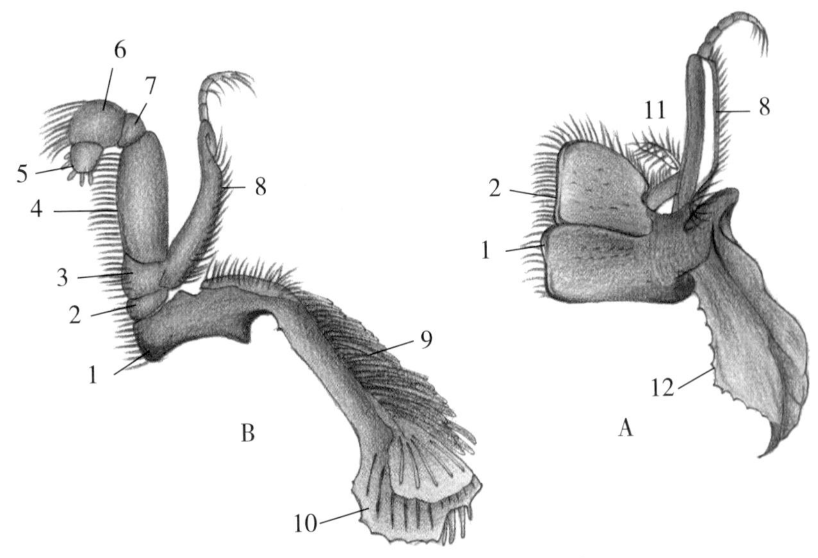

图 4-10　常见螯虾左侧第一条和第二条颚足

A. 左侧第一条颚足；B. 第二条颚足。

1. 底节；2. 基节；3. 坐肢节；4. 股肢节；5. 趾肢节；6. 跗肢节；7. 胫肢节；8. 外肢；9、10. 足鳃；11. 内肢；12. 上附肢。

动物学的作者通常会用与本书中不同的名称来指代颚足的各个部分。一般来说，原肢和内肢被合称为颚足的轴（stem），而外肢则被称为须（palp），至于形态改变后的足鳃则称为鞭（flagellum），只是其本质究竟为何？仅从这些名字里我们无从得知。

然而，当我们将颚足和腹足相比较，发现两者的组成基本一致时，就有必要创造一种可以普遍应用于各同源部分的命名法。我在这里用到的对应于“轴”“须”等构造的名称，如原肢、内肢、外肢，都是由米尔恩·爱德华兹所提出的。他同时还建议把“鞭”改称上附肢（epipodite）。所以第一颚足的这一薄片状凸起现在一般被称为上附肢；而足鳃的称呼虽然可以和其他足肢建立统一关系，但称其为鳃，就好像是在说另一种完全不同的结构。

不过，第一颚足的上附肢实际上确实是足鳃轴的轻微变形，只是没有鳃丝；好在“上附肢”也可以很方便地用来指称这一变形后的足鳃。不幸的是，这一术语也用于指称其他甲壳类动物鳃的某个薄片部分，对应于螯虾鳃的叶状部。虽然目前并不太重要，但我们必须记住这种歧义所在。

如果我们继续观察胸部位于第三颚足后方的附属器，比如第六对胸部足肢（也就是第二对步足）（图 4-11），可以立即辨认出它分为两节的原肢和五节的内肢，还有足鳃也很好找。但是外肢却整个消失不见了。在胸部第八对，也就是最后一对足肢上，足鳃也不存在。第五和第六对足肢作为钳足，和第七、第八对也有不同。其跗肢节远端一角延长，形成钳爪的固定端。其产生的角度在这条足肢完全伸展时向下（图 4-11）。螯足上大螯的构成方式也与此相同。唯一重要的不同之处在于，螯足的基节和足肢节以不可活动的方式结合在一起，就像外颚足一样。因此，如果我们假设胸部前五对足的外肢生长被抑制，而最后一对除外的胸部足肢都添加了足鳃，那么胸部的足肢就都可以与腹部足肢归为同一类型。

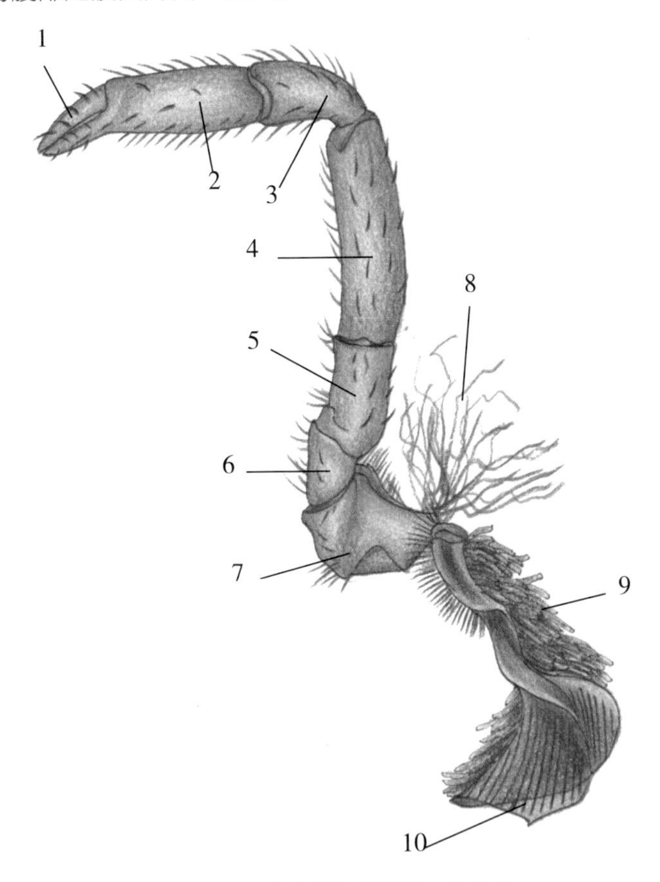

图 4-11　常见螯虾左侧第二条步足

1. 趾肢节；2. 跗肢节；3. 胫肢节；4. 股肢节；5. 坐肢节；6. 基节；7. 底节；8. 底节刚毛；9. 鳃；10. 鳃或上附肢叶状部。

现在我们把目光转向螯虾的头部，位于这一区域的第二对上颚（图 4–12，C）所呈现的是对第一颚足各部分构造的进一步修改。其底节和基节更细、更薄，并且被从内侧边缘延伸出的深沟进一步分割。内肢极小且不分节。在外肢和上附肢应在的位置，只有一大块片状物，即颚舟叶（图 4–12，8），这个叶片要么像是第一颚足的上附肢一样的结构，要么是外肢和上附肢的合并。在第一对上颚（图 4–12，B）中，外肢和上附肢消失了，内肢（图 4–12，4）不明显且不分节。在下颚（图 4–12，A）中，原肢强壮有力，且被横向拉长。其宽大的内侧，也就是口端呈半圆形咀嚼面，由一道纵向深沟分成两个齿状的脊。其中一个脊沿着咀嚼面前侧，或者说下侧的凸面轮廓向外凸出，凸出程度比另一个大得多，且带有锋利的锯齿边；另一个脊（图 4–9）则形成咀嚼面后侧或者说上侧的直线轮廓，是较钝的疣状凸起。内肢呈三节须状，末端的节为椭圆形，且生有大量粗硬的刚毛，前侧刚毛尤其多。

在大触角（图 4–13，C）中，原肢为两节。其基部较小，腹侧一面有一个圆锥状凸起，凸起的后侧正是绿腺（图 4–13，3）导管的开孔。原肢末端更大，由一道深纵褶分为两半，一半朝向背侧，另一半朝向腹侧，两部分多少可彼此活动。再往前，靠外侧的是宽大扁平状的触角鳞，也就是外肢；靠内侧的是长长的带环纹“触须”，也就是内肢，由两个粗大的基部节连接到原肢。

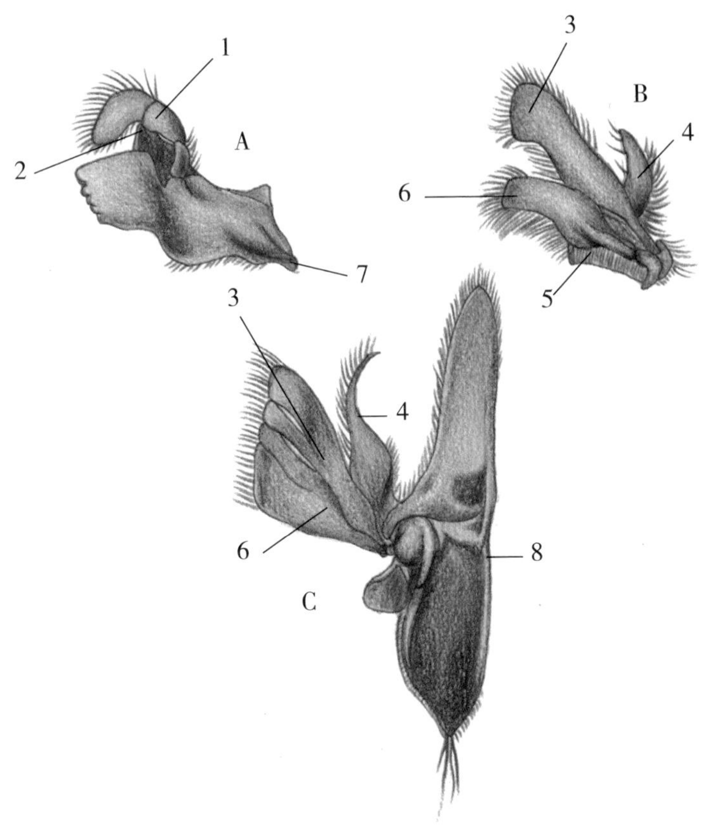

图 4-12 常见螯虾下颚、第一上颚及第二上颚

A、B、C. 左侧下颚、第一上颚及第二上颚。
1. 下颚须；2. 下颚外侧关节凸起；3. 基节；4. 内肢；5. 第一上颚内部凸起；6. 底节；7. 下颚外侧关节凸起；8. 颚舟叶。

小触角（图 4-13，B）有一个三节的柄和两根末端有环纹的细须，靠外侧一根更粗，也比靠内侧的长，两根细须基部位置差不多，只是一根更靠外。这个基节比上面两节合起来还长，而且在靠近前端位置，其腹侧生出一个尖尖的脊刺（图 4-13，2）。小触角的柄就相当于其他组织的原肢，只是分为三节有些不同寻常。两条末端带环纹的触须分别是内肢和外肢。

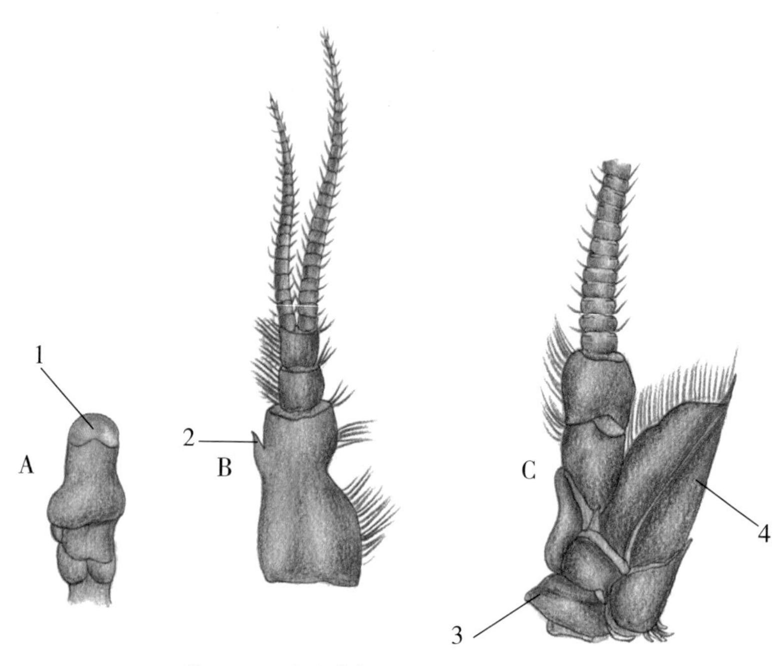

图 4−13　常见螯虾眼柄、小触角及大触角

A、B、C. 左侧眼柄、小触角及大触角。

1. 眼角膜面；2. 小触角基节上的脊刺；3. 绿腺导管开孔；4. 大触角的外肢或触角鳞。

最后看看眼柄（图 4−13，A）。它的结构和腹部足肢的原肢部分基本一致，都有一个较短的基部和一个较长的圆柱形末端节。

根据以上对附属器的概述，很明显，我们可以称腹部的附属器无疑是根据同一规划来构建的，只是在具体实施时有些附属器比其他附属器多发育了某个部分，又或者相比其他的少了某些部件，又或者两个部件合并在了一起，甚至可以说所有的附属器都是根据同一规划构建的，也是以类似的原则来进行改变的。典型的附属器由带有足鳃的原肢以及内肢、外肢构成，所有实际的附属器都是从这一原型中衍生而出的。

因此，螯虾骨骼的各个组件除了适应各自目的用途外，还显示出一种差异中的统一。如果把这种动物比作人类的手工艺品，那人们看到这件作品会不由自主地认为这名工匠的任务不仅是制造出能够完成特定工作的机器，而且这台机器的性质和布置还被限制了特定的建造条件。

我们在对骨骼器官的研究中所发现的情形，也在对神经和肌肉系统的研究中一再重现。就像螯虾整个躯干可以分解为 20 个独立体节，并可以对这些体节实施各种修改和组合一样，整个神经节链也可以分解成 20 对不同大小、彼此距离时近时远的神经节。同样，肌肉系统也可以被看成 20 个肌节（myotomes）的总和。所谓肌节，也就是对应每个体节的肌肉系统的一段，会根据生物体身体不同区域的活动程度而进行多种变化。

通过对螯虾体节及其附属器一般形态的研究，可以明显看出螯虾的身体是利用为数不多的类似组件进行不断重复和修改而构建起来的。如果我们把目光进一步深入，探寻这些组件更细致的结构，就会发现更多这一构成方式的例证。螯虾的坚硬外壳，也就是我们所称的表皮（cuticula），虽然会因为是否含有钙盐而呈现不同硬度，但显然其本质是相同的，不管位于身体何处。如果用腐蚀性的碱液浸泡螯虾，会破坏它身体的其他部分，我们就能很容易看到表皮层的延续部分会从口部和肛门延伸到体内，并沿消化道分布；覆盖躯干和足肢不同部件的表皮会向内产生凸起，用以为肌肉提供附着面，这就是皮下凸起（apodemata）和肌腱（tendons）。用专业术语来描述的话，这些大量用于螯虾身体构造的表皮物质，可称为组织（issue）。

螯虾的肉，或者说肌肉（muscle），是另一种组织，我们光靠裸眼就能把肌肉和表皮组织区分开，但是，要想对所有各不相同的组织进行完全的鉴别，就必须借助于显微镜。显微镜可以用于研究生物形态构成的特征，并由此产生了形态学的一个分支，即组织学（histology）。

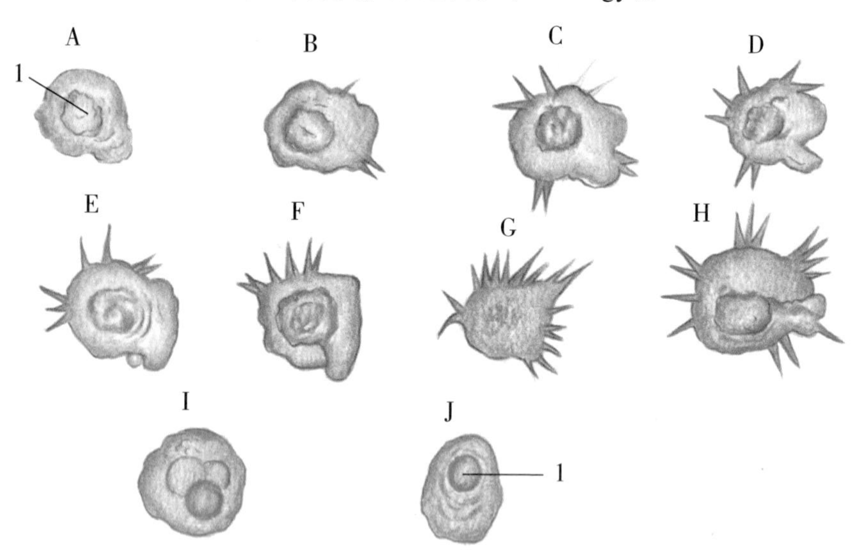

图 4–14　常见螯虾血细胞

A~H. 单个血细胞在 15 分钟内发生的变化；I、J. 被品红杀死，且细胞核被染色物质深染的血细胞。

1. 细胞核。

如果我们通过特定性质来定义组织，一一历数构成螯虾身体，但和其他部分相区分的组成要素，会发现可以定义为组织的要素不超过 8 种。也就是说，螯虾身体的每个实体构件都是由以下 8 种组织学类别中的一种或多种所构成：①血细胞；②上皮细胞；③结缔组织；④肌肉；⑤神经；⑥卵子；⑦精子；⑧表皮。

在一滴新鲜抽取的螯虾血液中，包含大量的微粒，即我们所说的血细胞。这些细胞有时显得苍白、纤薄，但通常多少会带一些暗色，这是因为其内部含有一定量的、折射度较大的微粒，而且它们一般呈高度不规则形态。如果我们持续观察其中一个血细胞 2~3 分钟，会看到它的形状会持续而缓慢地改变。这一点之前我们也说到过。在变化过程中，细胞的某些不规则延伸部分会缩回，而其他位置又会生出新的延伸。事实上，这种细胞有一种固有的伸缩性，就像那种被称为变形虫（Amoeba）的低等生物一样，因此它的运动方式通常也被称为变形虫状（amoebiform）。在其内部，可以看到一个边界不怎么清晰的椭圆形轮廓，大致勾勒出一个球状体，这就是细胞核（图 4-14，1）。如果我们加入一些试剂，比如稀醋酸，细胞就会立即缩成球状，这时细胞核就会很明显了。血细胞实际上是一种简单的有核细胞，由可收缩的原生质团构成。这个原生质团所包围的就是细胞核。它在血液中自由悬浮，而且血细胞虽然和其他组织学要素同为螯虾有机体构成部分之一，但在血液中以一种准独立的方式存在。

上皮细胞这一通称所对应的是一种组织形态，这种组织在身体各处均位于外骨骼（对应于高等动物的表皮）和消化道的内层下方，并从消化道延伸入肝脏的盲管。在生殖器官和绿腺中也有上皮细胞的存在。上皮细胞形成的是身体和消化道表皮下方的皮下层。这一结构由某种原生质组成（图4–15），并嵌有密集的细胞核。如果把许多血细胞以紧密方式聚合到一起，构成连续薄片状，那估计也是类似结构。毫无疑问，原生质就是有核细胞的聚合，只是单个细胞之间的界限在活体状态下极不明显罢了。不过，在肝脏中，这种细胞会不断生长，并从盲管的较宽、较低部位彼此脱离，这种情况下，原生质的本质就很明显不过了。

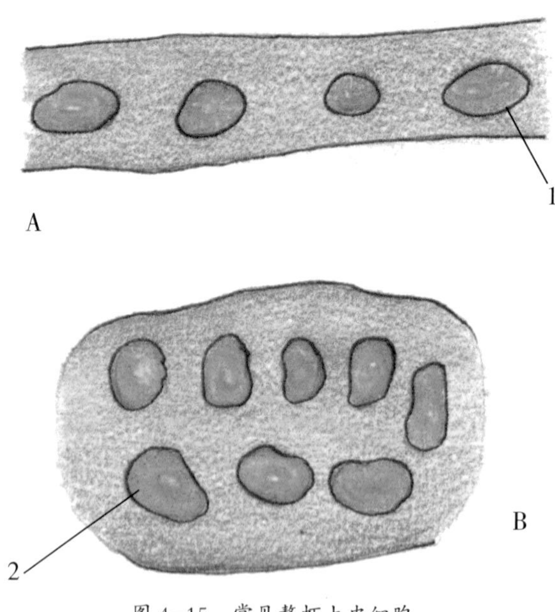

图 4–15　常见螯虾上皮细胞

A. 垂直切面；B. 自表面。
1、2. 细胞核。

在上皮细胞层正下方还有一类组织，呈条带或片状排列。这些组织延伸扩展到再下方的各个组件，把它们包覆并彼此相连，因而被称为结缔组织。

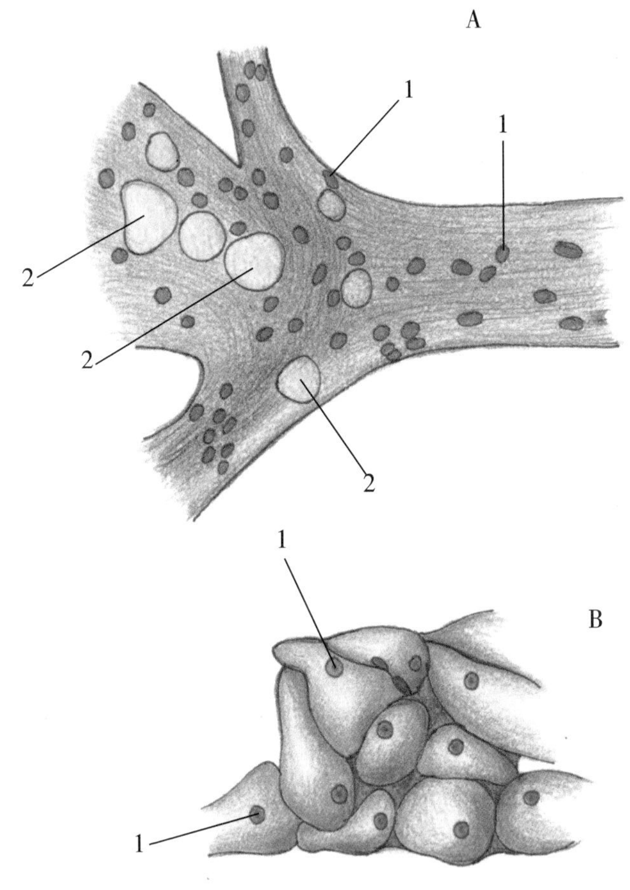

图 4–16　常见螯虾结缔组织

A. 第二形态；B. 第三形态。
1. 细胞核；2. 腔体。

结缔组织共呈现三种形态。第一种是透明的均质基质，其中散布着不少细胞核。事实上，这种形态的结缔组织与上皮组织非常相似，只是细胞核之间的间隔更大，而且这些细胞核所嵌入的物质不能分解为一个细胞核对应一个独立细胞体。在第二种形态中（图 4-16，A），结缔组织的基质呈现纤细的波纹平行线束状，就好像织到一半的衣物纤维一样。在这种形态以及接下来要说到的第三种形态中，基质中可发现大致呈球状的腔体，内含澄清液体。有时这些腔体的数量极大，以至基质本体成比例地大为缩减，所形成的结构外表上与植物中的薄壁组织很类似。在第三种形态中情形也是如此，基质自身形成了长条状的或圆状的团块，每个团块内部均有一个细胞核（图 4-16，B）。结缔组织以各种形态遍及全身，覆盖着各个器官，并形成血窦的壁。

结缔组织的第三种形态在心脏、血管、消化道和神经中枢的外覆层中尤为丰富。至于脑神经节、胸前部神经节以及心脏外周的结缔组织，通常含有一定量的脂肪物质。事实上，在这些区域，许多基质中的细胞核被其周围各种大小的颗粒所覆盖，其中一些颗粒由脂肪组成，另一些则为蛋白质类物质。这些颗粒聚集物通常为球状。当我们把一部分结缔组织取出时，这些颗粒很容易就会随着它们所嵌入的基质和内部的细胞核一起分离出来，就是我们所称的脂肪细胞（fat cells）。从上述所说的结缔组织的分布情况来看，很明显，如果所有其他的组织都被切除，那么这些结缔组织仍会构成一个连续的整体，就像螯虾整个身体的模型或铸件一样。

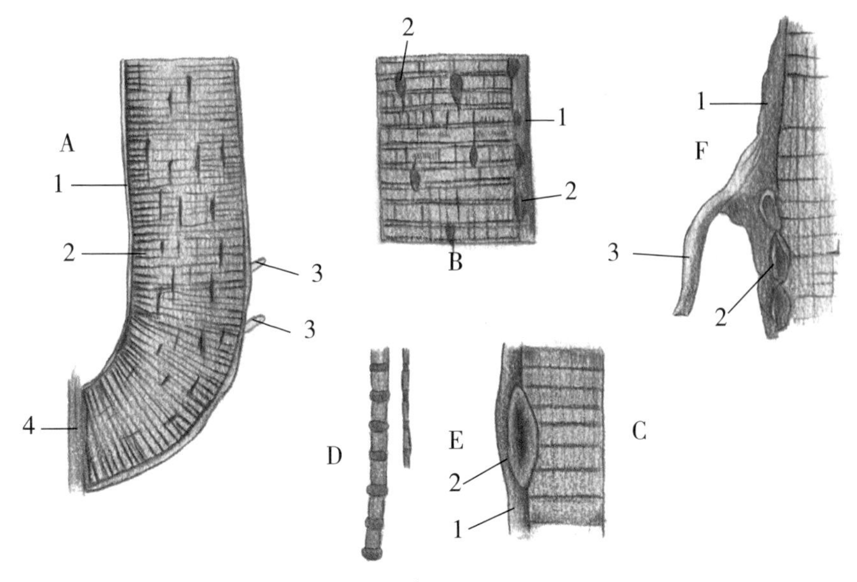

图 4-17 常见螯虾肌肉组织

A. 单束肌纤维；B. 同一部分的更高倍放大；C. 用酒精和乙酸处理过的更小部分；D、E. 纤维的一部分；F. 神经与肌纤维的连接。
1. 肌膜；2. 细胞核；3. 神经纤维；4. 肌腱。

螯虾的肌肉组织总是以束带或纤维的形式出现，只是粗细差别巨大，其特征是当我们在透射光下观察时，肌肉组织会呈现深浅交替，垂直于纤维轴的横纹（图 4-17，A）。这些横纹之间的间距会因肌肉状态不同而有所差异。比较精细的肌肉纤维，如心脏和肠的肌肉纤维，嵌入这些器官的结缔组织中，但没有特殊的外鞘。另外，构成躯干和足肢中肌肉束的肌肉纤维更大，而且被一层薄薄的透明无定形外鞘包裹，其被称为肌膜（sarcolemma）。细胞核以一定的间隔散布于肌肉的横纹质中。在较大肌肉纤维中，在肌膜与横纹肌质中，会分布有一层带核的原生质。

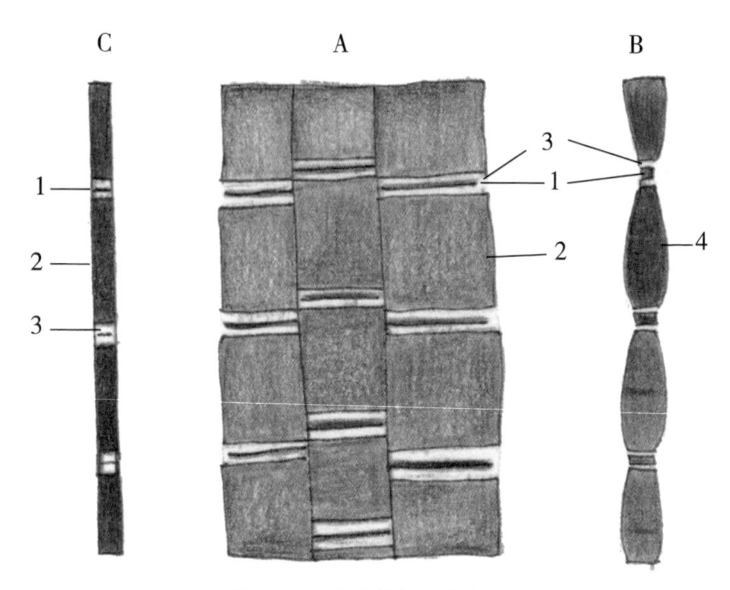

图 4-18 常见螯虾肌肉组织

A. 高倍放大的鲜活肌纤维；B. 一束用氯化钠溶液处理过的小纤维；C. 一束用浓硝酸处理过的小纤维。

1. 隔线；2. 间隔区；3. 隔区；4. 间隔区横线。

无论从螯虾身体哪一部分取出的肌纤维标本，也无论这螯虾是死是活，都可以很容易观察到这一结构。但是，对这些表观现象进行最终光学分析的结果，以及根据这些结果可合理推断出的关于条纹肌一般结构的结论，却成为极具争议的话题。

如果我们从螯虾螯钳的螯肉中取出静止的肌肉纤维，在鲜活状态下进行检视，不添加任何外来的液体，其放大倍数不小于七八百倍，则呈现如下的外观：纤维上约 6.4 微米间隔位置可见非常纤细但清晰的深色横线。如果再对这些横线进行聚焦放大，可看出其为串珠状，就好像是由直径在 0.85~1.3 微米范围的微小颗粒密集排布而成的。这些横线可称为隔线（septal lines）。在每条隔线两边，各有一条极细且完全透明的条带，称为隔区（septal zone）（图 4-18，3）。紧随其后是一个相对较宽的物质带，呈现半透明外观，就像非常精细的磨砂玻璃，因此相对于隔区显得有点暗，称为间隔区（inter-septal zone）（图 4-18，2）。紧邻这一间隔区的是另一个隔区，然后是隔线，再是另一个隔区、间隔区，如此反复直至整条纤维。

在状态完全未改变的肌肉中，除了上述结构，已没有别的可辨识的横向标志了。不过，还是能够观察到一些纵向标志，共有三种。第一种就是细胞核，在完全鲜活的肌肉中，细胞核呈精致的椭圆体，其所嵌入的空间会在两端收窄，形成一道道狭窄的纵向裂隙（图 4-17，A、B）。肌纤维的原生质外鞘向内展开，并填充这些裂隙。第二种是在细胞核所在裂隙之间插入的类似裂隙，只是相比前者更窄，且从头到尾呈单一线性。有时这些裂隙中含有微细颗粒。第三种是即使在完全鲜活的肌肉中也存在的极细的平行纵向纹，这些细纹间隔在 3.6 微米左右，会穿过数个横区，因此细纹之间会有或长或短的连续隔线存在。肌肉的横切面似乎可分为许多相同直径的圆形或多边形，彼此之间由微小的间隙隔开。此外，如果以高倍镜观察新鲜肌肉，会发现隔线不管长度如何，几乎都不是笔直的，而是分成好几段较短的长度，高低也略有差异。

从这些观察到的现象中所能得出的唯一结论就是，肌肉物质是由一种可区分的原纤维（fibrils）构成的，无论是纵向纹还是在横切面中看到的圆形，其实都是这些原纤维彼此边界的光学呈现。只不过在状态完全未改变的肌肉组织中，这些原纤维排列过于紧密，以至于它们的边界难以分辨出来。

因此，每一束肌肉纤维都可以看成是由大小不一的原纤维束构成的，这些原纤维束镶嵌在有核的原生质框架中。这一框架将整个肌肉纤维纳入其中，而其本身则由肌膜包裹。

在肌纤维死亡后，细胞核变得坚硬，轮廓变暗，其内容物呈颗粒状，同时原纤维之间的边界也更加清晰。事实上，这时候我们可以很容易用针挑出肌纤维，并把原纤维分离出来。

在用各种试剂（比如乙醇、硝酸或食盐溶液）处理过的肌肉中，原纤维本身会分裂成极细的细丝，每根细丝似乎都对应隔线上的一个颗粒。每根单独分开的肌丝（muscle filament）看上去就像一根每隔一定间隔串着一粒小珠子的细线。

隔线能抵抗大多数试剂，并在经过各种方式处理的肌肉纤维中仍然可见。但根据处理情况不同，它们可能呈现出连续的条状，或不同程度地分解成单独颗粒。另外，根据所用试剂不同，两条隔线之间间隔区的呈现方式也会有所差异。如果用稀酸和高浓度盐溶液处理，间隔区物质会膨胀并透明化，从而变得与隔区难以分辨。同时，在其长度中间位置可能出现一条明显但还不太清晰的横线。相反，浓硝酸使间隔区物质变得更不透明，因而使隔区显得明显。

在鲜活或新近死亡的肌肉中，还有用乙醇保存或硝酸硬化的肌肉中，间隔区都会使光产生偏振。因此，在偏振光显微镜的暗视野中，肌纤维会被许多明亮的条带穿过，这些条带对应的就是间隔区，或至少是间隔区的中间部分。相反，形成隔区的物质不会产生偏振效应，因此还保持暗色，而隔线和间隔区物质的特性相同，只是程度较轻。

在被盐溶液或稀酸处理过的纤维中，间隔区失去了偏振特性。正如我们所知的，这几种溶液会溶解肌肉中的特定成分——肌球蛋白（myosin），因此可得出结论：间隔区物质主要由肌球蛋白组成。

因此，可以认为原纤维是不同物质的区段按照固定顺序排列而成的，顺序如下：S–sz–IS–sz–S–sz–IS–sz–S。其中，S 代表隔线，sz 代表隔区，IS 代表间隔区。其中，IS 即使不是唯一存在肌球蛋白的区域，也是其主要分布区，但 sz 和 S 的组成还不确定，但在我看来，一些人认为活体肌肉中 sz 为纯粹液体的假设是完全不可接受的。

当活体肌肉收缩时，间隔区会变短、变宽，其边缘变暗，隔区和隔线则趋于不可见——在我看来，这不过是因为间隔区侧边彼此逼近所导致的。很可能在肌肉收缩过程中，中间区域物质是最主要的，甚至是唯一的肌肉动力部位。

神经组织的组成要素有两种：神经细胞和神经纤维。前者存在于神经节中，它们的大小差别极大（图 4–19，B）。每个神经节小体都有一个细胞体及其产生的一个或多个凸起构成，这些凸起即使不是每条都以形成神经纤维告终，也常常如此。在神经细胞内部可见一个较大的，边界清晰的球状细胞核；在细胞核中心则是一个很容易分辨的小圆颗粒，称为核仁（nucleolus）。如果我们把这种小体分离开，会发现其通常由一层小型有核细胞组成的鞘包围。

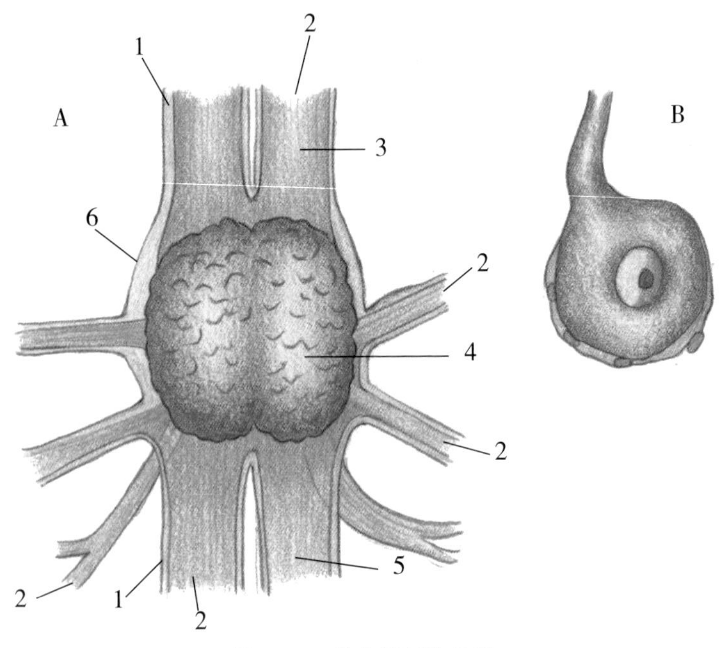

图 4-19　常见螯虾神经节

A. 一个（成双的）腹神经节，以及连接到上面的神经；B. 单个神经细胞，或神经节小体。

1. 神经外鞘；2. 神经纤维；3、5. 连接该神经节与前后神经节的接合束；4. 神经节的神经节小体所在点；6. 神经节外鞘。

螯虾的神经纤维（图 4-20）因为某些神经相当可观的尺寸而十分醒目。在中枢神经系统中，有些纤维直径可达 127 微米；直径为 64 微米或 85 微米的纤维在主分支中也并不罕见。每根神经均呈管状，由坚韧带弹性（有时为原纤维构成）的鞘构成，在其不规则间隔中嵌有细胞核。当神经干引出分支时，这些管状神经也会部分分裂，并向每个分支中引出延伸。

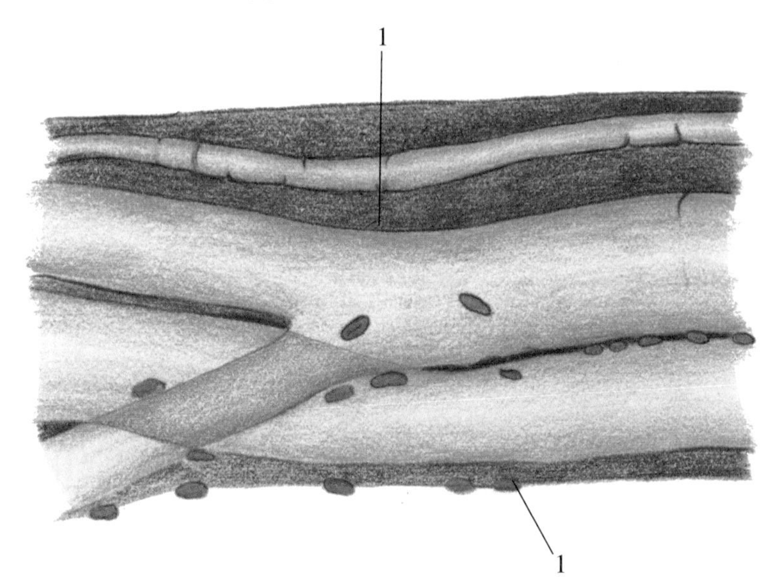

图 4-20　常见螯虾的神经纤维

1. 细胞核。

在极为鲜活的状态下，这些神经管中的内容物是完全透明的，没有任何可见结构；而且从管子被切断时其中内容物流出的方式看，它们显然是一种凝胶状均质液体。在纤维死亡，再经由水及多种化学试剂处理后，其中内容物会分解成液滴状，或变成浑浊的微颗粒。

运动神经纤维在其分布的肌肉中终止时，每根纤维的鞘会与肌肉的肌膜相连，鞘下方的原生质通常隆起形成一个含有多核的小凸起（图 4-17，F），被称为终末

（terminal）或运动终板（motor plates）。

卵子和精子我们之前已经叙述过了，这里就不再赘述。

我们可以看到，血细胞、上皮组织、神经节小体、卵子和精子都是明显的有核细胞，只是多少经过修饰。结缔组织的第一形态与上皮组织极为相似，因此，很明显，结缔组织可以被看作细胞数目与细胞核数目相等的集合体，组成基质的是经过一定修饰和融合的细胞体或其产物。如果是这样，那么结缔组织的第二种和第三种形态就有与其相似的组成，只是细胞基质已被纤维化或空泡化，或被分成了与一定数量细胞核相对应的团块。根据同样的推理，肌肉组织也可以看作一种细胞集合体，其核间物质已转化为横纹肌；在神经纤维中，其透明的凝胶状神经物质可能也是类似变态过程所产生的。如果我们接受各种组织之间的对比所得出的结论，那么由此可以得出推论，我们目前所提到的每一种组织学构成要素，要么是简单的有核细胞，要么是修饰过的有核细胞，要么是或多或少被修饰过的细胞集合体。换句话说，每个组织都可以被分解成有核的细胞。

但是，这一归纳有一个明显的例外，就是螯虾的表皮结构中并未发现有细胞成分。表皮最简单的形式，如肠内层，是一层纤薄透明的膜，要么通过分泌，要么是皮下细胞表层发生化学变化，使得这层膜从细胞表面脱离。在这层膜上看不出任何孔隙，但在其表面散布着极微小的椭圆形斑块，呈尖锐锥形凸起状。但在表皮较厚区域，比如胃部或外骨骼处，它呈现出一种分层结构，好像是由众多不同厚度的薄片叠合而成的，其中每一片都是由皮下细胞陆续脱离下来的。

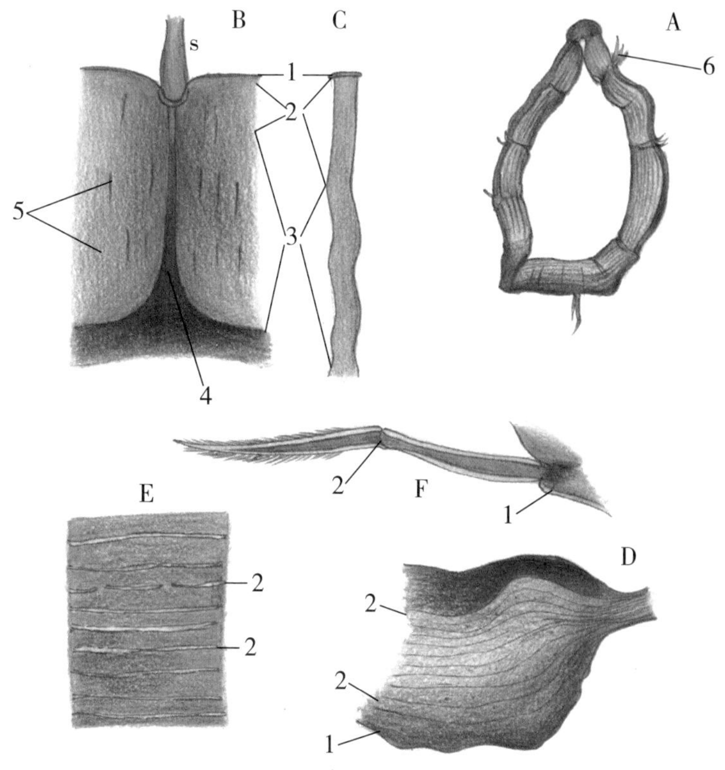

图 4-21　常见螯虾表皮组织

A. 螯足一段节的横切面；B. 同一横切面的一部分放大；C. 为 B 的一部分更高倍放大；D. 腹部腹板间膜切面，右侧部分为自然条件下状态，其余部分为用针挑开状态；E. 同一切面的一小部分。

1. 上角层；2. 外角层；3. 壳内层；4. 刚毛管道；5. 填充空气的管道；6. 刚毛。

在未钙化的表皮层，比如腹部体节腹板之间的接合处，所呈现的是纤薄致密的带褶皱片层，称为上角层

（epiostracum）；其下方的是一种软质物质，从纵切面上来看为透明和不透明条带交错形态。这些条带彼此平行，且与片层的游离面也平行（图 4–21，D）。这些条带分布极为紧密，在靠近内外侧表面处通常间隔不超过 5 微米，不过在切面中部间隔会更大一些。

如果我们用针把一片看上去很薄的软质表皮垂直切片沿着垂直方向轻轻地挑开，就可以展开到原来尺寸的 8~10 倍，在暗色条带之间的清晰间隔会成比例扩大，在切片中部尤其如此，而暗色条带本身看上去更窄了，边界也更明显了。我们可以很容易把这些暗色条带之间的距离挑开。不过，如果这个切片被展得更开的话，它就会沿着某条暗线或在接近暗线的位置裂开。整个表皮层可以用苏木精等色素染色。而且，由于染色后暗色条带比中间的透明质颜色更深，这种处理会使横向分层很明显。

如果我们用高倍镜观察，会发现其中的透明质被密集分布的模糊垂直线贯穿，暗色条带就是纤薄片层的切边。这些垂直线呈精细条纹状，就好像是由纤细的平行波状小纤维组成的。

在外骨骼的钙化部分，同样可以分辨出一层纤薄、致密且有褶皱的上角层。在其下方也是数层亮暗交替的层状结构。除了最内层之外，所有薄层都由于石灰盐的沉积而硬化。这些沉积通常均匀散布，不过有时也会呈不规则轮廓的圆形团块状。

在上角层的正下方，有一个厚度约为外皮总体厚度 1/6 或 1/7 的区域，相比其他区域更透明一点，基本没有任何水平或垂直的条纹。当这一区域分层呈现时，片层非常薄。这一区域可被划分为外角层（ectostracum）（图 4–21，2），与组成外骨骼再往下部分的壳内层（endostracum）（图 4–21，3）区分开来。在壳内层的外侧部分，分层是明显的，但在内侧部分，片层变得非常薄。纤细、致密且彼此平行的垂直纹贯穿了壳内层的所有分层，并且常常能追溯到外角层中，只不过在外角层区域内，这些纹路总是模糊不清，有时难以辨识。如果用高倍镜观察，会发现这些条纹并非是笔直的，而是呈现规则的短波浪形，彼此交替的凸面和凹面正好与亮色和暗色条带相对应。

如果在对硬质外骨骼进行切片前先对其部分或整体进行干燥，由于上述纹路所在位置被同样尺寸的空缝取代，在切片上就会呈现出黑白两种颜色，白色为反射光区域，黑色为透射光区域。因此可以推断，这些纹路是平行波浪状管道的光学表征。这种管道会贯穿外皮的连续多个分层，且通常内部填充某种液体。在液体干涸后，周围的空气便涌入，并不同程度地填充了管道。我们通过对外骨骼进行平行其表面的薄切片，就可证明这一推断，这些切片上呈现出数量极多的穿孔，彼此按固定距离间隔开。这一间隔距离与垂直切面上纹路之间的间隔恰好一致。有时候分开这些穿孔的区块轮廓也是分界清晰，就好像是铺了一层多角的小积木块一样，只不过这些积木块的角对得不怎么齐。

在我们把一部分硬质外骨骼脱去钙质后，剩下的就是壳多糖了，其结构与上面描述的相同，只是上角层更加明显。外角层看上去就是由薄片构成，而管道仍呈现为纤细纹路，只是在暗区显得更粗一点。和外骨骼的自然软质部分一样，脱钙后的表皮也可以分成薄片，这时就可以看到孔洞所位于的特定区块了，这些区块被清晰的多边形边界所隔开。这些穿孔的区块似乎就对应于外胚层的单个细胞，其中的管道，正是角质层结构和许多形成游离面边界细胞壁中的常见结构“孔道”。

事实上，螯虾的整个外骨骼都是由它下方的细胞产生的，产生方式要么是从细胞分泌出壳多糖然后硬化，要么更可能是细胞表面区域通过化学变化变为了壳多糖。不管方式如何，下方细胞的产物首先形成的是一个单层的连续薄膜。这一初始过程的重复延续令表皮厚度不断增加，但是细胞添加到表皮内侧面的物质可能并不始终同质，而是时而致密，时而柔软。较致密的物质形成了坚固的片层，较柔软的物质则形成了中间的透明质。只不过后者在一开始的量非常小，所以靠外的片层分布更为密集。随后，中间物质的量有所增加，所以表皮中部区域的分层更厚一点，而到了外骨骼内侧区域，中间物质的量又变小了。

螯虾的表皮结构与高等动物的爪、毛发、蹄等类似硬质部分并不相同，因为后者是由细胞聚集而成的，这些细胞的主体已角质化。相反，螯虾表皮及其所有附属部分，虽然其存在对细胞的依赖性并不小，但它是一种衍生产物，其形成不涉及起源细胞的完全变态和随之而来的细胞破坏。

让钙化的外骨骼变硬的石灰盐成分只能由液体对表皮的渗透来提供，这种液体则来自血液；但上角层、外角层和壳内层的独特结构特征，正是伴随着这种渗透而发生的变态过程的结果。这种变态过程在多大程度上是合理且重要的，又在多大程度上可以通过动物性膜和矿物盐的一般物理化学性质来加以解释，这是个颇能激发我们好奇心，但目前尚未得到解决的问题。

表皮的外表面很少有光滑平整的，一般上面多少都分布有明显脊状物或疣状物。此外，表皮上还有或粗或细的毛发状凸起，从微观的细毛到有力的脊刺，可以说涵盖了各个不同的粗细级别。这些凸起物虽然外观与高等动物的毛发非常相似，但结构上却有本质不同，因此我们称其为刚毛。

这些刚毛（图 4-21，F）有时候是细短的锥形丝状，表面十分平滑；有时候表面呈微小的锯齿状，或鳞片状凸起，形成两个或多个序列。有些刚毛的轴还会分出横向分支；在最复杂的形态中，这些分支上还有侧枝。在离基部一定距离内，刚毛的表面通常是光滑的，即使其余部分缀有鳞片或分支。此外，刚毛的基部和其末端还是有所区别，有时候是由于前者会有轻微缢痕分出的节，或者是由于该部分的表皮结构表现出特殊性。刚毛几乎总是从角质层表皮的凹陷或凹坑的底部长出来的。在与后者的交界处，刚毛通常既细又带有韧性，所以刚毛可以很容易在这个底座里活动。每根刚毛都包含一个空腔，其边界通常就沿着刚毛轮廓。但许多刚毛靠近基部的壁部增厚，以至于中部空腔几乎完全被占满。不管在刚毛着生位置的表皮有多厚，总会有一个漏斗状的管道贯穿其中（图4-21B，4）。这一结构通常从刚毛基部向下扩大。位于下方的外胚层通过这一管道延伸到刚毛基部，有时甚至会探入刚毛内部一段距离。

之前提到过，皮下凸起和肌肉肌腱都是表皮的内褶，其由内胚层的相应内卷所包裹，且也是由后者分泌形成的。

所以，螯虾的身体可以首先分解为一种重复的相似片段，也就是体节。每个体节包含一个原节和两个附属器；体节本身是由少数单一组织所构成。但最后，这些组织要么是经过或多或少一定程度修饰的有核细胞的聚合体，要么就是这些细胞的产物。因此，在终极的形态学分析中，螯虾是有核细胞这一组织学单位的倍数。

对螯虾如此，对所有动物亦然，除了最原始的单细胞生物。而且即使是对动物生命最简单的呈现形态，这种概括也未必不对。最新研究发现，在那些原先以为缺乏细胞核的生物体中，也可找到细胞核的存在。

但不管如何，毫无疑问，在人类和所有脊椎动物身上，以及在所有节肢动物、软体动物、棘皮动物、蠕虫乃至低等生物海绵类动物身上，形态学分析所获得的结果均与螯虾的情况如出一辙。动物的身体由组织构成，组织则要么由有核细胞直接构成，要么由此类细胞变形而来，从细胞核的存在即可推断出这一点；还有一种就是角质层结构。

有核细胞的基本特征是：它由一种原生质物质组成，

其中一部分在物理和化学性质上与其他部分稍有不同，即构成细胞核。细胞核在细胞的功能或生命活动中起什么作用尚不清楚，但很明显，它是那些与在细胞原生质中所进行活动具有不同性质的另一种活动的发生场所。因此，就我们所知，无论各种组织表现出何等差异，它们所包含的细胞核都基本一样。由此可见，如果这些组织最初都是由简单有核细胞构成，那么这些细胞的主体必定发生了变形，但细胞核则相对保持不变。

另外，所有生长部分的细胞增殖时，都是通过一个细胞分裂成两个的方式，其内部发生变化并最终分裂的过程先是在细胞核中明显表现出迹象，然后才在细胞主体中呈现出来；且通常细胞核的分裂要先于主体。因此这种情况下单个细胞也会有两个细胞核，并可通过将其原生质物质一分为二，围绕这两个细胞核分别聚集而分裂为两个细胞。

一些情况下，在细胞分裂的过程中，细胞核会发生极为奇异的结构变化。随着细胞核壁的分界变得不再清晰，核内的颗粒状或纤维状内容物会自动排列成单锥或双锥状，它由极细的丝状体构成；在双锥基部平面上，这些细丝会呈节状，就好像许多线合在一起，每根线中间还串了一个珠子。如果我们从侧面观察这个细胞核中的纺锤状结构，会发现这些所谓的珠子或加厚部分在纺锤结构中央构成了一个盘状横断面。很快，每颗珠子分裂成两颗，并彼此远离，但仍由一条丝状体彼此连在一起。因此，原先呈现双锥形态，中间有一盘状物的结构，演变成一个短圆柱形，在两边可有一个盘状物和一个单锥。但是，随着两个盘状物之间的距离逐渐增加，把它们连接在一起的丝状体就失去了平行性，向中间收敛，并最后分离，从而形成两个独立的双锥来取代原先的那个。在细胞核中发生这些变化的同时，细胞原生质中也在发生变化，这些原生质趋向于以两个锥体末端为中心呈圆周分布。随着两个新的细胞核纺锤体完全形成，胞体也逐步向内裂开，裂面位于两个纺锤体顶点的中间平面，与这两个纺锤体的共轴成直角。如此，原先只有一个的细胞就成了两个。每个核纺锤体很快恢复到球状形态，其内容物分布也重归混乱，这也是细胞核的常态。在螯虾精巢的上皮细胞中可观察到这种核纺锤体的形成（图 3-16）。但我还没能在螯虾其他部位找到这种现象存在的确切证据，而且尽管这一过程已被证实存在于动物世界的几乎所有纲目下各种动物的身上，但貌似细胞核可能在多数情况下是在不转变为纺锤体的情况下进行分裂的。

对任何高等植物略加观察就会发现，植物和动物一样，都是由各种组织构成的，比如木髓、木质纤维、螺纹导管和输送管等。但即使是改变形态程度最深的植物组织，彼此之间在单个细胞级别上的差异也很小，因此将植物整体归并为单一构成组件要比对动物更容易。和动物一样，植物的形态学单位也是有核细胞。此外，研究表明，植物细胞通过分裂增殖的过程中，纺锤体也可能出现，且其发生显著变化的各个阶段与动物细胞中的完全相同。

植物学中关于细胞核是否在细胞中普遍存在的问题姑

且可以和动物学中一样，先不急着下结论，但一般来说，基本可以断言，无论是植物还是动物，有核细胞都是构成生物体的形态学基础。施莱登和施旺[2]所做出的宏大概括，也就是动植物在结构和发育中应有基本一致性的假设，自提出半个世纪以来，事实上已经借由许多人的努力得到证实和阐释。

不仅螯虾的各种微小结构如此，原则上任何其他动物乃至植物都是如此，无论细节呈现有多大差异。不过，所有最低等动物以外的动物（排除一些特殊形态）的身体均由三层结构构成，即外胚层、中胚层和内胚层，它们共同围绕一个位于中央的消化腔。其中，外胚层和内胚层始终保持上皮特性；但在低等动物中不怎么起眼的中胚层，在高等动物身上变得极为复杂，甚至比螯虾的中胚层还复杂得多。

此外，整个节肢动物门以及整个脊椎动物门，更不必说其他种类的动物，其身体都像螯虾一样，都可以分解为一系列由同源组件构成的区段。在每个区段中，这些组件会根据生理需要而加以修饰改变；而通过这些区段的合并、分离，以及相对大小和位置的改变，便可以划分出身体各个特征区域。值得注意的是，植物的形态学也体现出一模一样的原则。一朵花的萼片、花瓣、雄蕊和心皮，与一根茎干和上面轮生叶之间的关系，和一只螯虾的头部及其腹部，或是一只狗的颅骨与胸骨之间的关系并无二致。

然而，有人可能会反对说，目前得出的形态学概括，在相当大的程度上仅是一种推测性质；对于螯虾的例子，所谓事实，也不过是我们可以声称这种动物的结构可以得到一致性的解释，还是建立在一个假设之上，也就是其身体是由同源的体节和附属器构成，而组织是对同源的组织学要素或细胞加以修饰改变而得到的结果。不得不说这个反对意见完全有效。

毫无疑问，螯虾的血细胞、干细胞和卵子都是有核细胞；其腹部第三、第四、第五体节是根据统一规划构建这一点也毋庸置疑。这些命题不过是对解剖学事实的陈述而已。不过，当我们从结缔组织和肌肉中存在细胞核而推断这些组织也是由变形的细胞组成时，或者当我们说胸部的步足和腹部足肢属于同一类型，只是前者的外肢发育被抑制时，就目前所掌握的证据来看，这些说法只不过是用来解释事实的方便的方式而已。问题是，肌肉真的是由有核细胞组成的吗？步足真的曾有过外肢而又失去了这外肢吗？

这些问题的答案还要到个体发育和祖先发育的事实中去寻找。

一只动物不仅是此刻我们所看到的外貌，更是一个成长为这一外貌的过程。螯虾是卵生产物，在卵中，没有哪个结构是成体所具备的：在卵中，机体在一个渐进的演化过程中会出现不同的组织和器官。对这一过程的研究能告诉我们，之前通过成体结构对比推断出的构成一致性，能否由其个体发育的事实所证实。认为螯虾身体是由一系列同源的体节和附属器构成，且所有组织皆由有核细胞组成的假设可能只是一种权宜之计，因为这是一种对解剖事实加以概括的有用模式。要判断这个假设是不是只是个权宜之计，对螯虾身体演化的实际方式加以研究是唯一可行之道。在这个意义上，可以说发育是所有形态学推测的鉴定标准。

发生在受精卵中的第一个明显变化是卵黄分解成更小部分，每一部分都有一个细胞核，称为卵裂球（blastomere）。在一般形态学意义上，一个卵裂球就是一个有核细胞，其与普通细胞的区别仅在于大小不同，以及卵裂球里通常含量更丰富（未必总是如此）的颗粒内容物而已。随着卵黄在分裂过程中越来越小，卵裂球也就在不知不觉间成了普通细胞。

在许多动物中，受精卵分裂成卵裂球的方式如下：首先卵黄分成相等或几乎相等的团块；每个这样的团块再一分为二，因此，卵裂球的数量会以几何级数增长，直至整个卵黄变成了一个桑葚模样的球体，名字就叫桑葚胚（morula），其由大量的小卵裂球或有核细胞构成。随后，整个生物体都会由这一卵黄分裂产物的增殖、换位和变形来构建。

在上面这种情况中，我们可以说卵黄分裂是“完全的”。但如果在早期阶段，分裂所产生的卵裂球尺寸不一，或者一部分卵裂球的分裂速度快于另一部分而导致不均，那么完全卵黄分裂也会出现些微变化。

许多动物，尤其是卵细胞较大的动物，不均等分裂被推至一种极端，以至于仅一部分卵黄会经历裂变过程，其余卵黄仅作为滋养质（food-yelk），为裂变所产生的卵裂球提供营养之用。这种情况下，在卵子表面一定范围内，卵黄的原生质会把自己和卵黄其余部分隔开，形成一个胚层（germinal layer），并在其中分裂出卵裂球，并以消耗其余滋养质的方式来实现增殖，构建胚胎体。这一过程被称为“部分”或“不完全”卵黄分裂。

螯虾正是卵细胞内卵黄采取“部分”分裂的动物之一。这一过程的第一步尚未被彻底弄清，但通过观察刚受精不久的卵子，即可见这一步带来的结果（图 4–22，A）。在这样的卵中，卵黄中的大部分物质都会作为滋养质发挥作用。这些物质呈圆锥状分布，从卵黄中心球状部分向边缘辐射而出。在每个锥体的基部对应分布有一个明显的原生质盘状体，其中含有一个细胞核。这些盘状体彼此边缘相接，形成一层薄薄的，但完整的表层，覆于滋养质卵黄之外。这一结构被称为囊胚层（blastoderm）（图 4–22，2）。

每个有核的原生质盘状物都牢牢附着于对应的颗粒状滋养质锥体基部，因此很可能是这两者共同构成一个卵裂球。但是，由于滋养质仅仅是间接辅助胚胎生长，而有核的外周盘状物会形成一个独立的球状囊，稚虾的身体正是在这一位置逐步成型的，所以把后者单独分出来加以对待是比较方便的做法。

因此，在这个阶段，发育中的螯虾身体不过是一个球状的小袋子。这个袋子的外层薄壁由单层有核细胞构成，内腔则填充有滋养质。这一泡状囊胚层所发生的首次改变始于其表面朝向卵梗部的一面。因此，当我们用反射光观

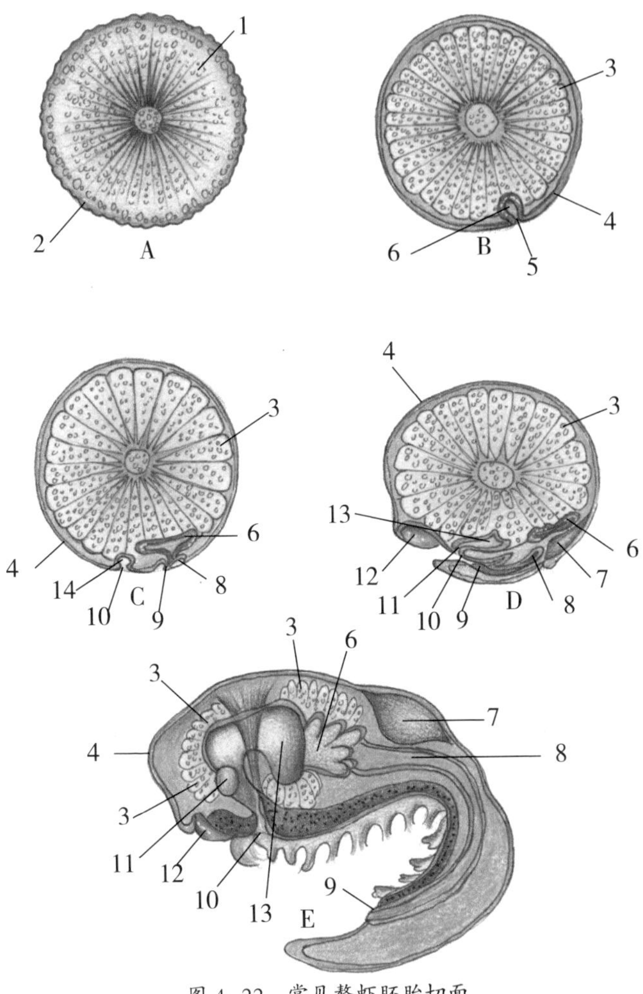

图 4-22　常见螯虾胚胎切面

A. 刚形成囊胚层的卵子；B. 囊胚层开始内陷以构成下胚层或中食道雏形的卵子；C. 卵子纵切面，其中腹部、后食道及前食道雏形已出现；D. 类似卵子纵切面；E. 刚孵化胚胎的纵切面图。

1. 卵黄；2. 囊胚层；3. 卵黄；4. 上胚层；5. 胚孔；6. 下胚层；7. 心脏；8. 后食道；9. 肛门；10. 口；11. 前食道食管部；12. 眼；13. 胃部；14. 前食道。

察虾卵，会看到这个区域出现了一个相应形状和大小的白色斑块。这个区域可称为胚盘（germinal disk）。其长轴与未来螯虾身体的长轴对应。

随后，这一胚盘的后1/3处出现一个下凹（图4–23），这是因为这一部分的囊胚层向内生长，形成了一个小小的宽口囊，这个小囊向内探入充满了囊胚层腔体的滋养质（图4–22，6）中。随着这一囊胚层内折或内陷的过程继续，小囊不断增大，而其外部开口，也就是我们所称的胚孔（blastopore）（图4–22及图4–23），在大小上倒有所缩小。这样，螯虾胚胎的身体就从单个囊袋变成了两个囊袋，这情形就像我们用手指戳进一个没有膨胀开的橡皮球表面时一样。如果这个球里面还装了麦片糊，那就和囊胚层里滋养质的情况很像了。

随着这一内陷，螯虾发育中最重要的一步启动了。因为，尽管这个囊袋只不过是胚层向内生长的一部分，但构成囊壁的细胞从此以后就开始表现出不同于其他囊胚层细胞的倾向。事实上，这就是最初始的消化器官雏形，或称原肠（archenteron），其囊壁被称为下胚层（hypoblast）；相反，其余囊胚层则是外胚层的雏形，所以得名上胚层（epiblast）。如果我们把滋养质去除，把原肠扩充直到下胚层和上胚层相互接触，那么此时胚胎的整个身体就是一个双层壁的囊，包含一个中部的消化腔，以及单个向外的开口。胚胎的这一状态被称为原肠胚（gastrula）。一些动物，比如常见的淡水水螅，可能终其一生都保持这种原肠胚类似状态。

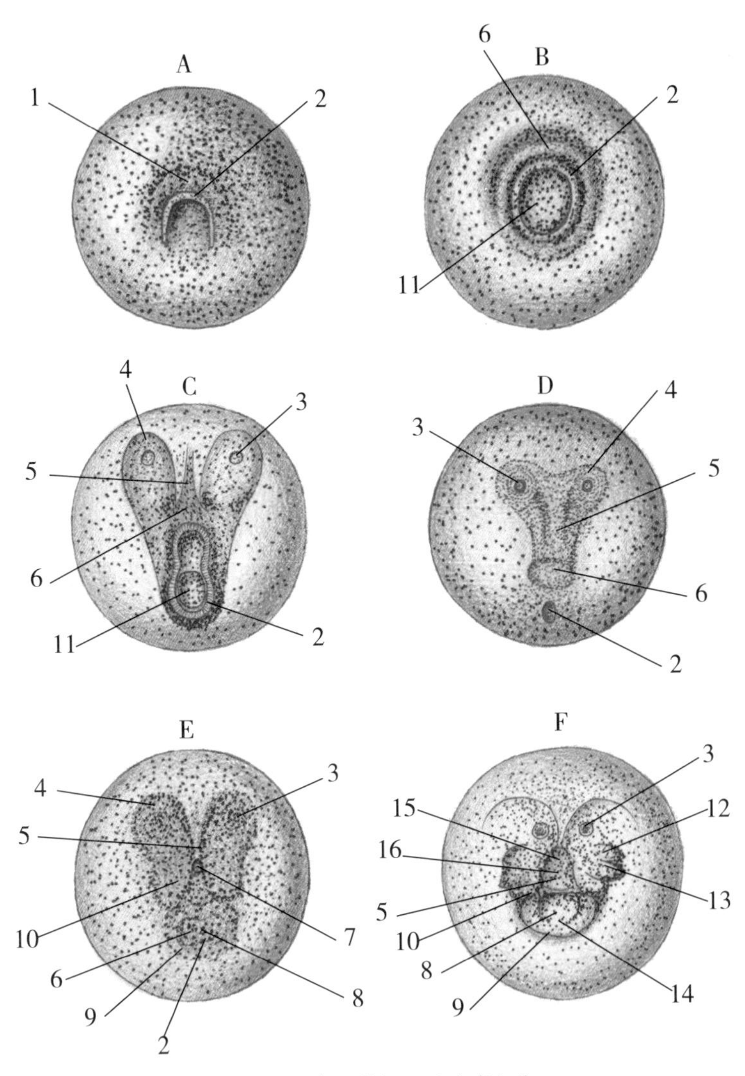

图 4-23　常见螯虾胚胎发育初期

A~F. 自胚孔出现起至假定的无节幼体形态。

1. 腹部隆起；2. 胚孔；3. 视凹；4. 头前部凸起；5. 髓沟；6. 腹部隆起；7. 前食道内卷；8. 后食道内卷；9. 头胸甲；10. 下颚；11. 胚孔部分被内胚层闭塞；12. 小触角；13. 大触角；14. 心脏；15. 上唇。

尽管这个原肠胚和成年螯虾没有一丁点相似之处，但既然下胚层和上胚层的分化已出现，那么将来螯虾身体部分最重要系统所属的器官基础已经就此打下了。下胚层将生出中食道的上皮层；上胚层（对应于成体的外胚层）则生出前食道和后食道的上皮，身体表皮层以及中枢神经系统。

位于外胚层和内胚层之间的中胚层结构，也就是结缔组织、肌肉、心脏、血管以及生殖器官等，并不是直接由上胚层或下胚层衍生出来的，而是有其准独立的来源。这一胚层源自一团最初出现在胚孔周围，处于上胚层和下胚层之间的细胞。当然，这团细胞很可能是从这两层细胞中衍生而来的。这些细胞从这个区域逐步扩散，首先扩展到胚胎腹侧，然后是背侧，组成了原肠中胚层（mesoblast）。

原肠上胚层、下胚层和中胚层最初纯粹是由有核细胞组成的，并通过这些细胞的持续分裂和生长而不断扩大自身尺寸。在相应细胞产生分化出组织的明显改变前，这几个胚层会首先逐渐塑造出它们所要构成器官的模子。比如一条足肢，最初不过是细胞组成的一个长出物，或者说一个芽，外边由上胚层覆盖，内部有一个中胚层的核心；到了后来，它的组成细胞才会变形分化为界限清晰的外胚层和结缔组织，即血管与肌肉。

螯虾胚胎只在原肠胚阶段停留很短的时间，随着胚孔很快闭合，原肠腔呈囊状，在上胚层和滋养质之间平铺展开，其细胞与滋养质密切接触（图 4-22，C、D）。事实上，随着发育过程的进行，下胚层的细胞正是以滋养质中物质为食，并将其转化为整个身体所需的一般营养。[3]

胚胎的腹侧区域逐步扩大，直到占据卵黄的半个球面。换句话说，也就是上胚层在加厚过程中逐步向外扩展。随着胚孔闭合，其前方上胚层中部形成一个圆形凸起（图4-23，图4-24），其长度迅速增加，同时转向前方。这就是螯虾整个腹部的雏形了。再往前，会出现两个又长又宽但平铺的增厚区域，分别位于胚胎中线的两侧（图4-23）。此时，腹部乳突的游离端标志着胚胎的后部末端，而这两个增厚隆起代表了胚胎的前部末端，其被称为头前叶（procephalic lobes）。螯虾身体的整个腹侧区域都将由这两个末端之间的胚胎部分的延长所产生。

在头前叶和腹部乳突基部之间的中线位置，上胚层表面会形成一道狭窄的纵向沟状下陷（图4-23）。上胚层构成这一纵沟的底壁。随着沟中心部分的上胚层向内生长，这条沟也进一步内陷，形成一个短管状囊，其正是整个前食道的雏形。起初，这个上胚层的内生囊并不与原肠相通，不过没过多久，其封闭端就会与下胚层的前方靠中下部分相结合，并形成一个开孔连接前食道腔体和中食道腔体（图4-22，E）。这个连通腔体构成了螯虾的食管和胃，或者更确切地说是构成了最终会生成这些器官的部分。值得注意的是，和中食道相比，这些器官部分最初非常小。

覆盖腹部乳突腹侧表面的上胚层也以同样方式内陷，并转变为一根狭窄管状物，这是整个后食道的雏形。就像前食道一样，后食道最初也是封闭的。但其封闭的前端很快会自行定位到原肠腔后壁，两者互相连接并彼此打开（图 4–22，E）。一个完整的消化道就此成型了，其包括由上胚层发育而来的，非常狭窄的管状前食道和后食道，以及整个下胚层形成的更宽大的囊状中食道。

头前叶隆起更为凸出。在其后方，上胚层表面又形成六个凸起，其成对分布，分布位于中部沟的两侧。这些凸起中最靠后的一对位于口侧，是下颚的雏形（图 4–23，E、F）；另两对则会演变为大触角（图 4–23，12）和小触角（图 4–23，13），在最后阶段，头前叶的凸起会发育成眼柄。

在腹部后方一小段距离内，上胚层隆起形成一道横向的脊，其向前凹，两侧末端延长至口部。这是头胸甲各个游离边缘的初始状态——而这一区域侧面部分会大幅扩增，形成鳃盖（图 4–24D，12）。

在许多与螯虾同属一类的动物中，当其幼体达到与上述阶段对应的发育阶段时，外在形态和内部结构都会经历快速改变，但附属器的数量却没有增加。对应小触角、大触角和下颚的附属器会延长并形成浆状运动器官；还会发育出单个中眼，幼体离卵的形态就是活跃的幼虫，被称为无节幼体（Nauplius）。与此相反的是，螯虾在这一阶段完全无法独立生存，只能继续在卵鞘内维持胚胎状态。不过值得注意的是，上胚层细胞会分泌出一层纤薄的外皮，随后又脱落，这就好像螯虾通过发育出这层外皮来作为无节幼体状况的一种象征性存在；就好像须鲸在胎儿阶段也会发育出牙齿，来作为有齿阶段的象征，而事实上这些牙齿随后就脱落了，从不具备任何功能。

事实上，螯虾的无节幼体状态很快被其抛之脑后。腹侧盘不断扩展，覆盖卵黄部分越来越大；随着口部与腹部根部之间区域拉长，相应位置会形成不深的横向凹陷，代表头后部与胸部体节之间的边界；随后类似于之前大触角和小触角的雏形，也有成对的凸起以一定规律从后向前显现出来（图 4-25，C）。

与此同时，螯虾的腹部末端变平，呈一个椭圆盘形态，而椭圆盘后缘中部似被稍稍截去或留有缺口。最后，在这个圆盘前方，会出现横向收窄环纹，分出 6 个区段，正好代表腹部的 6 个体节。伴随着这些变化，从腹部中间 4 个体节的腹侧面上也会生出 4 个小疣块，构成中间四对腹部附属器的雏形。在第一腹部体节附属器对应的位置上，开始只有两个很不起眼的小隆起，而在第六对附属器的位置上，一开始什么都没有。不过，其实第六体节的附属器已经成型了，奇怪的是，它们被藏在尾节的表皮之下，只有到了第一次蜕壳时才被释放出来。

额剑从两个头前叶之间生出。其在雏虾离卵以前都保持很短的长度，而且方向更多的是朝下而不是朝前。作为头胸甲雏形的脊状物侧边部分愈发向下延伸，变为鳃盖；其所拱卫的腔体，就是鳃室。另外，这道脊的横向部分仍相对较短，构成头胸甲的后缘。

这些变化发生的同时，腹部和胸部的腹侧区域会成比例增大；与此相应，位于头胸部的滋养质也在不断缩小。

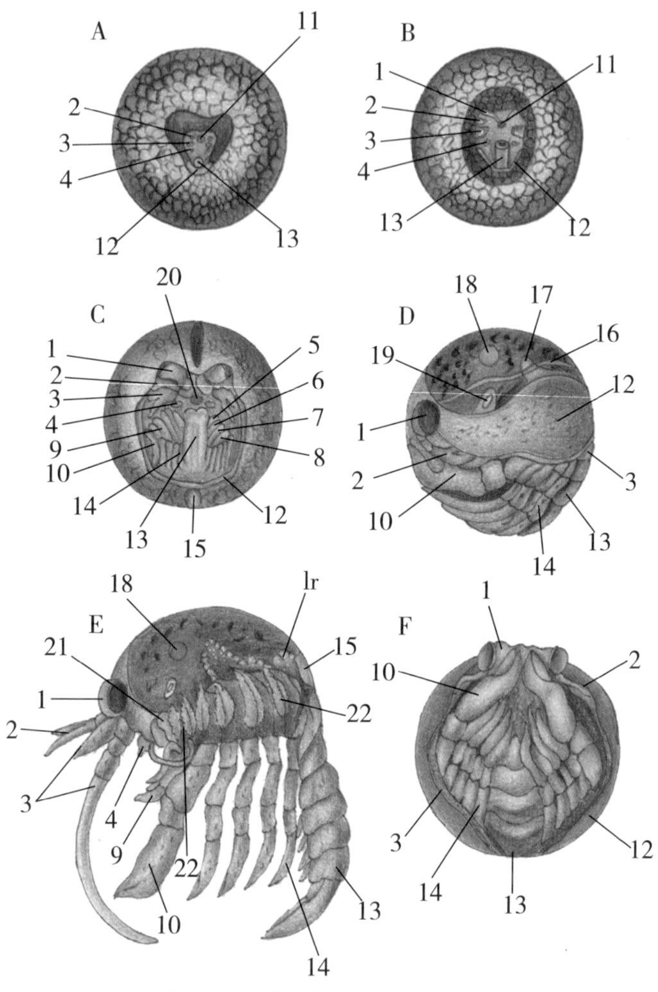

图 4-24 常见螯虾胚胎发育晚期

A、B、C、F. 胚胎晚期发育阶段顶视图；D、E. 胚胎晚期发育阶段侧视图。

1~10. 腹部；11. 上唇；12. 头胸甲；13. 腹部；14. 头部及胸部附属器；15. 心脏；16. 头胸甲；17. 肝脏；18. 下颚肌肉；19. 绿腺；20. 上唇；21. 第一颚足的上附肢；22. 鳃。

因此，整个过程中，头胸部的相对尺寸会持续缩小，头胸甲的背侧弧度也不断减小。但即便如此，雏虾在刚孵化出来时，和成体相比，其在头胸部形态和头胸部相对腹部的尺寸方面，仍有极其明显的差异。

体节上那些芽状凸起，也就是所有附属器的原初形态，也会经历快速变形。眼柄（图 4-24，1）很快就会长到很可观的长度。小触角（图 4-24,2）和大触角（图 4-24,3）末端开始分支。小触角的两个分段也保持宽厚的形态，大小与雏虾破卵时已相差无几。另外，大触角内侧或称内肢部分开始大幅度伸长，同时形成环纹；外侧或外肢部分则维持较短的状态，并形成其特有的鳞片状形态。

上唇（图 4-24，20）一开始为口部前方腹侧区域中部的延伸部分，而裂为两瓣的后唇最初是上唇后方腹侧区域上的一个生出物。

头后部和胸部附属器开始拉长，并逐渐形成成体中附属器具备的形态。在螯虾发育的任何阶段，我都没能在五对后胸部足肢中观察到任何外侧分段或外肢的存在。这是一个非常值得注意的情况，因为在与螯虾极其相似的龙虾身上，其幼体阶段时相应足肢上是有外肢存在的，而在和螯虾相似的虾类动物中，许多种类的相应足肢上有完整的或未发育的外肢，有些种类的外肢在成体中也存在。

刚孵化出来的螯虾（图 4-25）在很多方面与成体螯虾不同——不仅头胸部更圆，与腹部相对尺寸更大，而且额剑也短，还下折到两眼中间。胸部的腹板相对较宽，因此相比成体，稚虾腿基部之间间隔更大。各条足肢彼此的比例及其与身体的比例大致与成体相同，但螯钳上的螯相对较纤细。其螯尖均大幅内弯（见图1-8，B），后部两对胸部足肢的趾肢节也呈钩状。腹部第一体节的附属器尚未发育，末段体节的附属器则藏于尾节内。尾节如之前所说，是一个宽椭圆形，通常在其后部边缘中间有缺口，但并没有任何横向分段的迹象。在尾节边缘，有一串短锥形凸起。尾节内部血管的分布，使其外表呈现出放射状条纹。

螯虾成体身上覆有大量刚毛，但刚孵化出的稚虾身上刚毛却很稀疏。这些刚毛中大部分仅仅是未钙化表皮的单锥状延伸物，基部并未陷入表皮凹陷中，侧面也没有鳞片或凸起结构。

螯虾幼体会紧紧依附在其母亲腹部的附属器上，具体方式之前已描述过了。这些稚虾虽然被碰到时也会动，但十分迟钝。在这个阶段，它们还没开始进食，还是靠滋养质卵黄提供营养。在头胸部，还有相当量的滋养质储备着。

我猜想，它们直到第一次蜕壳才会脱离母体，腹部第六体节上的附属器也要到那时才会展开，不过目前我们对此还没有什么明确概念。

以上对螯虾卵内所发生变化的普遍性质的概述足以表明，即使从最严格意义上讲，螯虾的发育也可以被看作一个进化的过程。虾卵只是一团相对均质的原生质类物质，其中包含大量养分；螯虾的发育，即意味着从这个相对简单的主体转变为极为复杂的有机生物体的渐变过程。卵黄

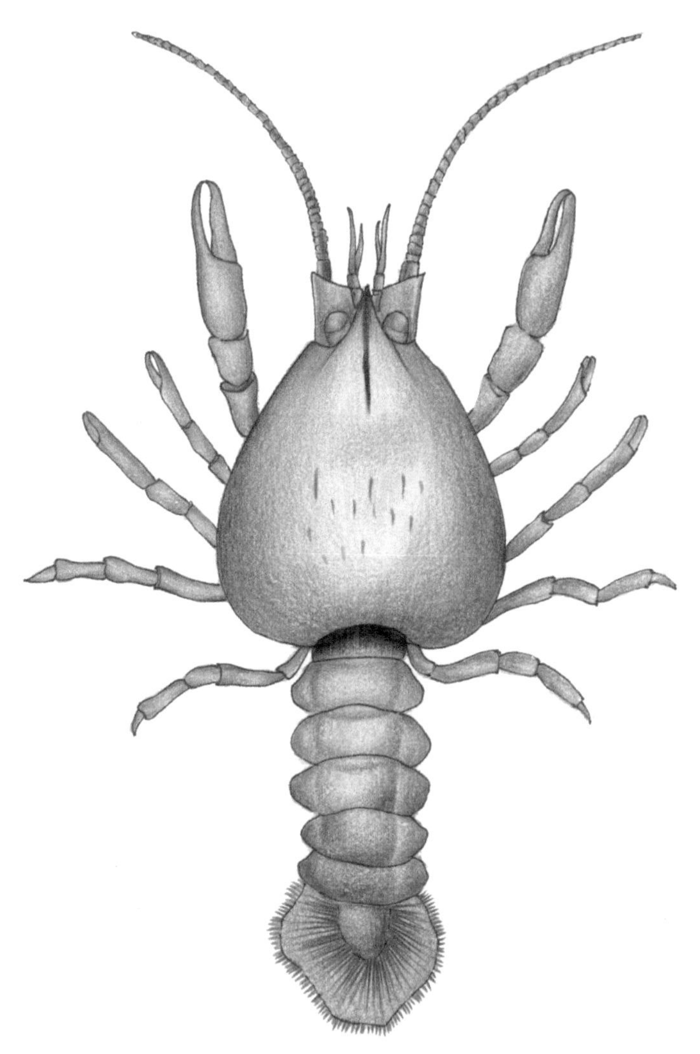

图 4-25　常见螯虾刚孵化出的幼体

首先分为形成部分和营养部分。形成部分会细分为各种组织学单位：其先形成一个胚囊泡，其中的囊胚层部分分化出上胚层、下胚层和中胚层，单一囊泡则形成原肠。原肠的各个层会形成螯虾的身体及其附属器。在这一过程中，原肠各层中构成身体各部分的细胞也会通过变形构成组织，并获得各个组织的固有特效。所有这些神奇的变化，都是蕴含于受精卵内物质的分子力，以及卵子所处环境的相互作用所导致的必然结果，正如结晶体的形态取决于其溶出物的化学构成和环境的共同影响一样。

在不涉及超出本书涵盖范围的细枝末节的前提下，关于原肠阶段构造简单的双层细胞囊是如何演化为螯虾极其复杂的内部组织的问题，有些情况还是要加以说明的。

可以看到，前食道最初只是口部区域上胚层的一个小小管状内卷。其事实上是一部分向内弯折的上胚层，并由构成细胞分泌出一层纤薄的表皮，这一点和其余上胚层，也就是形成外胚层或外皮部分的那部分上胚层一样。在胚胎生长过程中，前食道比中食道扩增得更快，高度从前往后提升，不过侧壁仍彼此平行，由一个狭窄腔体分开。详细来看，前食道呈三角袋形（图 4-22D，14），窄端附着于口部附近，并浸入滋养质中，其后逐渐分为两叶：一片在右侧，一片左侧。与此同时，一块由中胚层组织构成的竖直板状物会把前食道和头胸甲顶壁及前壁连接起来，这一板状物最终会发育出体积可观的胃前部和后部肌肉。而前食道开始在中部内缩，形成两个差不多大小的膨大囊，中间有一个狭窄通道连接（图 4-22E，11、13）。前端的膨大演变为食管和胃贲门部；后端的则形成胃幽门部。在贲门部前端两侧，待螯虾破卵后很快会形成两个带状物；每个带状物均产生较厚的壳多糖分层沉积物，即蟹眼或称胃石。这对小胃石和成体中的胃石结构相同，大部分钙化。更值得注意的是，此时外骨骼中还几乎没有钙质沉积。在胃齿位置上，细胞壁相应形状的褶皱已形成，构成齿部的壳多糖表皮正是以此为模板。

后食道占据了整个腹部，其细胞最初呈现六道脊状分布，并分泌出一层表皮。

中食道，又称下胚层囊，会很快在其后端两侧分出许多纤细的延长物，并最终转变为肝脏的盲管（图 4-22E，6）。中食道背侧壁细胞与滋养质团块比邻，两者密切接触，很可能滋养质的逐步吸收正是由这些细胞所主导的。不过在螯虾孵化出来时，滋养质的侧叶体积仍是很大的，占据了胃和肝脏与头部外皮之间的大部分空间。

中胚层细胞发育出结缔组织层，后者形成外皮的下层部分，消化道的覆盖层，所有肌肉、心脏、血管以及血细胞。心脏在很早期就出现了，最初是一个中胚层细胞构成的实心团块，位于胸部背侧区域，腹部区域前方（图 4-22、图 4-23 及图 4-24）。其很快由实心变成空心，心脏壁也开始规律性收缩。

鳃在一开始只是其所在位置表皮区域的单个乳状凸起。随后这些乳状凸起延长成鳃轴，并分出侧向的细丝。足鳃一开始与关节鳃很相似，不过很快在其轴游离端附近生出了一个凸起，并发育成叶状部，而轴的附着端则扩大为基部。

肾器官被认为是上胚层的管状内卷所生成，这一内卷很快盘绕在一起，并生成绿腺。

中枢神经系统完全是上胚层所形成的产物。位于先前提到的胚胎上纵沟两侧的细胞（图 4–23，5）向内生长，形成两根线状物，其最初彼此分开，并且与上胚层其余部分相连。纵沟前端会产生一个下陷，其中细胞形成一个团块，在口部前方把这两根线状物连接起来，最终生成脑神经节。在头前叶表面上很早就形成了两个小凹面（图 4–23，3），其中的上胚层也以相同方式内卷，并和之前提到的团块合并，形成视神经节。

纵向线状物上的细胞分化为神经纤维和神经细胞，后者会在特定位置聚集，形成神经节，并最终在中线位置彼此连接。渐渐地，形成这些结构的内卷上胚层细胞与其余上胚层部分完全分离，并被中胚层细胞覆盖。因此，螯虾的中枢神经系统和脊椎动物一样，最初是外胚层的一部分，形态学上是与表皮一体的。至于神经在成体中被藏于体内，位于外壳保护之下的情形，只是外胚层神经部分内卷，并与其余外胚层部分分离的结果而已。

眼部的视杆是外胚层的细胞经变化而成的。听囊则是小触角基节外胚层内卷形成的。稚虾离卵时，听囊只是一个开口又宽又浅的凹陷，当中也没有耳石。

最后，生殖器官是由肝脏后方中胚层细胞的分离并特化而成的。拉特克[4]指出，在稚虾长到 1 英寸长以后，才可见到其生殖孔。此时，雄性螯虾的第一对腹部附属器还只不过是两个凸起物，之后才逐渐伸长并发育出特征形态。

[1] 作者原注：有一些奇异的海生甲壳纲，如虾蛄，其眼部和大触角所在体节均自由可活动，额剑则与大触角所在体节背板连接。

[2] 施莱登（Matthias Jakob Schleiden）及施旺（Theodor Schwann），是 19 世纪德国生物学家，两人均为细胞学说的创立者。这一学说认为，细胞是动植物结构和生命活动的基本单位。

[3] 作者原注：下胚层细胞是否会像一些观察者所称的那样长开，并包住整个滋养质，目前还不得而知。我个人对这一事实尚不予置信。

[4] 拉特克（Martin Heinrich Rathke）：德国胚胎学家和解剖学家，被认为是现代胚胎学的创立者之一。

第五章

螯虾的比较形态学

——螯虾与其他生物的结构与发育对比

截至目前，我们的目光几乎完全聚焦在常见英国螯虾身上。我们忽略了除螯虾以外其他所有生物的存在，除非这些动物或植物是螯虾维持自身生命所依赖的。但是，要对其他形态各异，不仅生存在水中和陆地，甚至存在空中的众多生命一一加以观察，实属无必要；而且即使世界上所有螯虾加起来，也只不过是所有生物总数中微不足道的一小部分。

通过常规观察，我们不难看出，这些生命体在许多方面都与非生命体截然不同；而且如果我们对这些不同追根究底，就会发现所有生物在同样的细节方面与螯虾相同，而与非生命体相异。像螯虾一样，生命体均被氧化作用持续消耗，并通过摄入食物中的营养物质来自我修复；像螯虾一样，生命体根据特定模式的外部形态及内部结构来塑造自身；像螯虾一样，生命体会诞出幼体，后者逐渐成长并发育为具备成体特征的形态。矿物质既无法以这种方式自我维持，也无法以此实现成长，更不会经历这种发育，或通过类似繁殖过程来自我增殖。

我们已不止一次提到，基于这种常规的观察，我们把生物划分为两大类。没有人会把一般的动物和植物互相混淆，而螯虾属于动物，水藻属于植物，也是毋庸置疑的。如果某个生物能够移动并拥有消化脏器，那就归属动物；但如果其无法移动，且直接从与自身外表面接触的物质中吸收营养物质，那就应归属植物。目前我们还不需要问，这种把动物与植物区分开来的粗糙定义究竟有多正确，只要姑且接受这一划分就可以了。显然，螯虾是动物，这一点毋庸置疑，就像同样栖息在水中的鲈鱼，还有田螺都是动物一样。而且螯虾和这些动物一样，不仅具备动物界普遍的运动和消化能力，还均具有完整的消化腔、用于血液循环的专门器官、感觉器官及神经系统、肌肉及运动机制以及生殖器官。如果把动物视为某种生理构造装置的话，螯虾、鲈鱼和田螺之间有着惊人的相似性。不过就像之前章节中所暗示的那样，如果我们以形态学角度来审视它们，就会觉得乍一看，这三者之间的差异实在太大，很难想象前者的构造与后两者能有任何关系。另外，如果我们将螯虾和龙虱相比较，会发现尽管差异不小，但两者之间也会显现诸多相似之处；但如果把一只小号的龙虾和一只螯虾并列放置，那么对某个缺乏相关经验的观察者而言，尽管他可以看出两种动物间确有不同，但真要说出个所以然来，可能要花费不少时间。

因此，不同动物在外在形态和内在结构方面，或者说在形态学方面，都会有相似之处，也有不似之处，只是程度不一而已。龙虾很像螯虾，甲虫和螯虾的相似程度就差了点，田螺、鲈鱼之类和螯虾的相似性就极微小了。这类事实如果以动物学语言来做一般性表述，可以说龙虾和螯虾的种属间具备较高的同源性；甲虫和螯虾的亲缘关系较远；至于螯虾和田螺或螯虾和鲈鱼之间，则没有亲缘关系。

通过对比不同动物的结构与发育过程来明确他们彼此之间的相似性与差异性，就是比较形态学要做的。通过完全彻底的形态学对比，我们就有办法估计任何一种动物相比其他动物的关系远近。这种对比可以向我们展示这种动物和哪些亲缘更近，哪些更远：如果应用到所有动物，那么这个方法可以帮我们绘出一张图表，其中各种动物按照各自亲缘关系的远近加以排列，或者帮我们对这些动物进行分类，把这些动物按照这一顺序进行分组。针对螯虾，以得出比较形态学的相关结果为目的的话，可以很方便地以汇总方式总结出其形态和结构要点，其中不少要点我们之前已经提到，并且正是通过其所呈现的形态学特征，才使得我们把螯虾界定为一个单一种类的动物。

成年的英国螯虾，如果从最前部的额剑到最后部的尾节测量其长度，通常在 3 英寸左右。[1] 我见过的最大螯虾标本有 4 英寸长。雄性螯虾通常更大一些，而且相比雌性螯虾，螯钳更粗壮，也更长。其外壳颜色从浅红褐色至深橄榄绿色不一；其身体及组织的背侧颜色总是深于腹侧，后者通常呈浅黄绿色，在螯钳末端带一点红色。腹侧面的绿色调偶尔也会在胸部过渡为黄色，在腹部过渡为蓝色。

螯虾腹部完全伸直时，从其眼眶到头胸甲后缘的距离，与从头胸甲后缘到尾节基部的距离基本相同。不过雄性螯虾通常头胸甲长于腹部，而雌性螯虾则头胸甲短于腹部。

如果不算额剑，头胸甲的大致轮廓（图 5-1）呈椭圆形，在末端被截去，其前端窄于后端。头胸甲表面呈均匀拱形。头胸甲最宽部分位于颈沟与其后缘之间。其最大垂直深度与颈沟横向部分长度相同。

至于额剑的长度，如果从眼眶开始量到末端，则大于眼眶到颈沟长度的一半。额剑的截面呈三棱形，游离端略微上弯（图 4-7）。从基部开始的整体长度约 3/4 区段内，额剑呈逐渐收窄之势。在 3/4 长度处的宽度还不到基部宽度的一半（图 5-1，A）。其凸起的颗粒状甚至锯齿状边缘则形成两个斜向的脊刺，一边一个。再往前，额剑会急剧收窄成针状。这一部分的额剑长度与两脊刺之间宽度相等。

额剑的背侧面平坦，还稍有内凹，不过在前半部分有颗粒或细锯齿组成的中脊。这一中脊在额剑后半部逐步过渡为低平的隆起，通常可延伸至头胸甲头部区域。额剑两侧的倾斜侧边在前方一个从前向后凸出的尖锐边缘处交会；这一边缘后半部分生出一个较小的，通常二分的脊刺，这个脊刺在眼柄之间下沉（图 4-7）。额剑的凸起颗粒状侧缘向后有一小段延伸到头胸甲上，呈两条长脊状（图 5-1，A）。在接近这两条脊的平行位置，每侧还有一条纵向凸起（图 5-1，1、2），这一凸起前端隆起为凸出脊刺状，位置位于眼眶正后方，因此被称为眼眶后刺（post-orbital spine）。而这一凸起本身可称为眼眶后脊（post-orbital ridge）。这一凸起的平整表面上有一道纵向的凹陷或沟槽。凸起的后端演变为一道渐宽且不明显的隆起，其后端向内，在眼眶和颈沟中间点处终止。一般而言，这个后部隆起看上去只是眼眶后脊的延伸，但有时两者会被一个明显的下凹部分隔开。在这个后部隆起上，我从没观察到任何脊刺，最多有时候会有一些细小的刺。两侧的眼眶后脊合在一起看，就像在头胸甲头部区域上的一个竖琴状标记。

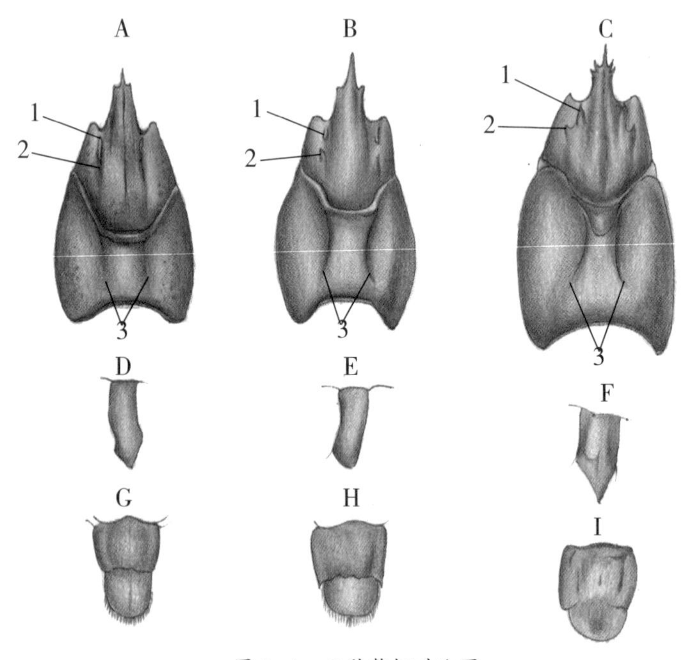

图 5-1　三种螯虾对比图

A、D、G. 巨石螯虾（*Astacus torrentium*）；B、E、H. 贵族螯虾（*Astacus nobilis*）；C、F、I. 黑螯虾（*Astacus nigrescens*）。（A~C. 头胸甲背视图；D~F. 腹部第三体节侧视图；G~I. 尾节背视图。）

1、2. 眼眶后脊和眼眶后刺；3. 围绕小室区的鳃心沟。

有一道并不明显的曲线状凹陷从眼眶后脊的后端引出，一开始直接向下，随后向后弯曲，直至颈沟。其对应的是下颚内收肌附着点的前下部边界。

在这一条凹陷的水平下方，紧挨着颈沟后方，通常会有 3 根顺着颈沟连贯排列的脊刺。脊刺上所有颗粒都倾斜向前，位置最低的颗粒最大。有时候只有一个明显的脊刺，其余一两个很小。有时候则有多达 5 条脊刺，其称为颈刺（cervical spines）。

从颈沟开始向后延伸出的两道沟槽勾勒出心脏部位（图 5-1A，3），其在距离头胸甲后缘还有相当距离处就终止了。每一道沟槽首先向内倾斜，然后两道沟有一段直线段平行。其所界定的区域被称为小室区（areola），其宽度相当于该区域头胸甲总横径的约 1/3。

在与胃部对应的颈沟前方，并没有明确界限划分出这个区域的边界。不过，头胸甲的中间部分，或者说由胃部和心脏部分构成的区域的表面纹路，与鳃盖及头侧部区域不同。前一种区域的表面分布有浅坑，由相对较宽的平脊分割；而后一种区域的表面的脊更为凸出，呈疣粒状，其颗粒顶端朝向前方。这些疣粒之间的下陷处生有纤细刚毛。

鳃盖有一个加厚的边缘，在下方和后方最厚（图 1-1）。这一边缘的游离边密集分布有刚毛。

腹部第二到第六体节的侧板呈宽披针状，钝尖朝向游离端（图 5-1，D）。其前缘较长，且相比后缘更加凸出。雌性螯虾的侧板更大，相比雄性螯虾更朝外而不是朝下。第二体节的侧板比后面体节的侧板大得多，并且覆盖了第一体节那块很小的侧板（图 1-1）。第六体节的侧板较窄，其后缘下凹。

腹部体节背侧面表皮上的凹坑和刚毛分布极为稀疏，使得这部分表面近乎平滑。不过，在尾节上，尤其是后段，表面更加粗糙不平，刚毛也更明显。

尾节（图 5-1，G）分为一个前部正方形分区和一个后部半椭圆分区。后者的游离曲边上生有长刚毛，有时在中部有一个微小的凹口。后段可在前段上自由活动，这是因为沿着联结前段后外角的横线处的表皮较轻薄、柔软，每个后外角均形成两个坚固有力的脊，其中外侧的脊较长。尾节段的长度从缝中部开始测量的话，应相当于或略小于前段。

在头部下侧，可见小触角的基节，其位于大触角基节的内部，但后者的附着点要比前者更靠后靠下（图 1-3，A）。在这些触角基节后方，口部前方，就是口上板（图 4-4，17、18），这是一个五边形的宽大区域。这一区域的后侧边界为两条加厚的横脊，这两条脊以极大开角在中线汇合，角顶端朝前。脊的后缘与上唇连接。脊前缘在中部形成一个百合花状的凸起，凸起顶端止于小触角之间位置。在这一凸起两侧，口上板前缘深度下陷，以承接大触角基节。沿着这些凹陷边缘的轮廓，口上板表面上呈现两个侧面凸起，其最宽且最凸出部分位于口上板外缘，形成一个锥形脊刺。有时候，除了最大的脊刺外，旁边还有第二根较小的脊刺。在这两个凸起之间的，是一个三角形的中部下陷区。

从前侧中部凸起的顶点到后侧脊的距离，稍大于口上板宽度的一半。

眼角膜表面横向拉长，呈肾形，黑色调。眼柄在基部要比角膜末端粗得多（图 4-13，A）。小触角长度约为额剑的 2 倍。小触角三角形基节的背侧面，也就是眼柄所位于的表面，为凹形；其外侧面为凸形，内侧面平坦（图 3-6，A 及 4-13，B）。内外侧两个表面被腹侧缘分隔，在接近其前端，有一根朝向前方的弯曲粗脊刺（图 4-13B，2）。如果我们把听孔外缘长出并遮盖听孔的刚毛移除，会发现这个听孔大致呈一个宽大三角形裂隙，占据了小触角基节背侧面后半部的大部（图 3-6，A）。

大触角的外肢，或者称触角鳞展开至额剑顶端，甚至在大触角转向前方的时候还会超出额剑顶端，并触到内肢长须的起始位置。触角鳞的长度是宽度的 2 倍，在其背侧有一个大体的凸面，腹侧则有一个凹面。其外缘直且厚，内缘凸形且薄，饰有长刚毛（图 4-13，C）。在这两个触角鳞边缘于前方会合处，生出一个有力脊刺。触角鳞较厚的外侧部分和较薄的内侧部分由鳞背侧一道纵沟和腹侧的一道脊分开。触角鳞的后侧及外侧角上一般会有一到两根小脊刺。不过，这些脊刺很小，在个别标本中甚至不存在。在这些脊刺下面，下一个节的外侧角形成了一个较粗的脊刺。若我们把螯虾腹部伸直，把大触角向后拉，拉到不损伤大触角的程度（在不损伤大触角的前提下，将其尽量往后拉），那么其细丝末端通常可以够到腹部第三体节的背板。在这方面，我尚未看到过雌雄之间有什么区别。

第三颚足的坐肢节内缘呈明显锯齿状，且前部宽于后部（图 4-9）；股肢节上同一区域有四五个脊刺；胫肢节末端也有一两个脊刺。这一颚足伸直时可够到甚至超出额剑的末端。

螯足坐肢节内缘或称腹侧缘上有锯齿。股肢节上有两排脊刺，内侧一排较小但数量较多，外侧一排较大但数量较少。在这一节的外侧或称背侧面前端，也有几根较粗的脊刺。胫肢节下侧或称腹侧表面上有两根粗脊刺，但其较尖锐的内缘上则有许多粗脊刺。其上表面上有一道纵向凹陷，并分布有较尖的疣粒。跗肢节的长度如果从基部量起直至大螯固定钳爪末端的话，要比其基部最大宽度的两倍还长一些，但其厚度不足此长度的1/3（图3–2）。外侧角状突，或称固定钳爪的长度与基部相同，或略短一点。其内缘尖利多刺，而外缘更为圆滑，为简单疣状。固定钳爪的尖端有一个稍稍向内弯的脊刺。这根脊刺的内缘弯曲状况比较复杂，在后部为凸形，前部又为凹形，还有一连串圆形疣粒，其中有一个疣粒位置接近凸起部的顶端，而另一个则接近螯的顶端，这两个疣粒最大、最明显。

趾肢节的尖端，就像跗肢节一样，有一个轻度内弯的脊刺（图3–2）。其外侧锋利边缘呈一定弯曲弧度，正好与其相对的固定钳爪边缘彼此吻合。这一边缘上生有圆形疣粒，其中最凸出的是位于边缘后半部凹形的起始点的疣粒。当趾肢节靠向固定钳爪时，这两颗疣粒中的一个正好位于固定钳爪凸出部最大疣粒的前方，另一个则位于这一疣粒的后方。整个趾肢节和跗肢节的表面覆有细小的凸起，其中上表面的凸起要比下表面的更明显一些。

在特征明确的雄性螯虾身上，完全伸展的螯钳长度一般相当于从眼眶后缘到尾节基部的距离。在个别例子中，螯钳的长度甚至更长。不过对雌性螯虾而言，螯钳长度一般不会大于眼眶到腹部第四体节后缘的距离。这两个性别的螯钳在尺寸大小和力量上的差别就更明显了（图 1–2）。此外，个别雄性螯虾还有大量大螯形态和大小方面的变异。左右两侧的大螯并无明显区别。

后方 4 个胸部足肢的坐肢节上均没有任何内弯的脊刺，雌雄皆如此（图 4–12）。这四对足中，第一对最粗壮，第二对最长；当我们把这第二对足肢展开，让它与身体成直角，那么从一个趾肢节尖到另一个尖的距离就相当于螯虾身体的极限长度，就是从额剑顶端直至尾节后缘的长度，甚至还比这更长，且雌雄皆如此。无论是雌性螯虾还是雄性螯虾，游泳足的长度很少超过其所附生体节横径的一半。

第六腹部体节（其极限长度大于尾节长度）附属器的外肢分为两部分。较大的近端部和较小的远端部（图 4–2，F）。后者的长度仅约为前者的一半，有一个圆形游离边缘，像尾节一样密生刚毛。在这两部分之间，有一个完全可弯曲的结构，近端部分略呈凹形且重合的游离边缘上有锥形脊刺，最外侧脊刺最长。这一附属器内肢在外侧边和末端密生刚毛凸边的接合处生有一个脊刺。一道不怎么明显的纵向中脊，或称龙骨脊，在靠近边缘处终止，并形成一个小脊刺。这一附属器原节背侧远边呈明显双叶状，其中内叶末端为两个脊刺，外叶更短更宽，呈细锯齿状。

除了已经详尽说明过的较鲜明性别特征，雌性螯虾和雄性螯虾三个后胸部体节的腹板形态也有显著差异。如果我们对比相同尺寸的雄性螯虾和雌性螯虾，会发现雌性螯虾位于胸部倒数第二及倒数第三对足肢基部之间的三角形区域要宽得多。无论雄性还是雌性，倒数第二块腹板后部均为一个圆形横脊，与前部由一个沟槽分开。不过，雌性螯虾身上的这道脊比雄性螯虾的更大也更凸出，且通常由中部的凹陷大致分为两个叶片。雌性螯虾这一区域的刚毛更少，雄性螯虾的刚毛则更长、更多。

雌性螯虾胸部末段体节的腹板由一道横沟分为两部分，其后部从腹侧看的话，呈拉长的横脊状，脊两端收窄，中部稍微凸起，其上几乎没有刚毛。雄性螯虾对应胸部末段体节后部向下向前呈圆形隆起状，上面附生有刷状长刚毛（图 3–18）。

我们列举出了这么多雌雄两性间的微妙差异[2]，其重要性会逐渐显现。这只是对所有我所观察到的发育完全的英国螯虾共同具备的显著外部特征的一个陈述。若论个别，每只螯虾都和其他的不完全一样。如果我们要对自然界中存在的某一只单独螯虾进行说明，那么除了上面的特征列举，还要加上它独有的特征；再和前几章讨论的结构情形一同考虑，就构成了英国小龙虾的种类，或称为种（species）的定义或判断。由此可以得出，如果我们把“种”视为上述讨论的所有形态学特征的总和而再无其他的话，那么自然界中其实并没有这样一个“种”存在。实际上，“种”只是一个抽象概念，是通过把实际存在的个体螯虾所共同具备的结构特征从其差异性中抽离出来，并忽略这些差异性而得出的。

我们可以将通过观察所得的所有螯虾的共同结构特征具体汇总为一幅图画。这幅图上所绘之物其实从未存在于自然界中，但它却可以作为我们在英国能够发现的所有螯虾的完整结构规划。对物种的形态学定义，实际上无非就是对该物种所有个体共同特征的结构规划的描述而已。

美国加利福尼亚州与英伦三岛相隔地球周长的1/3，其中一半距离被广阔的北大西洋隔开。然而，加利福尼亚州的淡水水系中却栖息着和英国螯虾很相似的螯虾种，因此有必要针对上文描述的各个要点，把这两种螯虾做一个对比，以便我们评估两者间差异所体现的价值所在。因此，我们以在加利福尼亚州发现的一种被称为黑螯虾（*Astacus nigrescens*）的螯虾种为例，用与英国螯虾完全相同的术语来描述这种动物的一般结构。甚至两者的鳃也没有太大区别，只是黑螯虾未发育的侧鳃更加明显；并且除了与英国螯虾类似的两个侧鳃以外，在其前面，还有第三个小侧鳃。

加利福尼亚州螯虾块头更大，颜色也有些不同，尤其是螯钳的下表面呈现红色调。其足肢，尤其是雄性螯虾的螯足相对更长一些；螯足上的大螯比例更为纤细；头胸甲上的小室区占整个头胸甲横径的比例相对较小（图5-1，C）。更明显的区别在额剑，加利福尼亚州螯虾的额剑有2/3的长度为双侧平行状，然后分出两个粗脊刺，并突然收窄直至顶点。在这些脊刺后面，额剑凸起侧缘上还有五六个脊刺。这些脊刺从前到后逐步变小。眼眶后刺非常明显，但眼眶后脊在前方即为这一脊刺基部，且有浅沟槽。在后方则呈单根脊刺状，只是这根脊刺并没有眼眶后刺那么粗。这种螯虾没有颈刺，颈沟中部向后呈一个角度，而不是横贯。

其雄性螯虾腹部的侧板较窄、等宽，且呈锐角（图

5-1，F），雌性螯虾腹部则稍宽，不那么尖锐，且前缘比后缘更凸出。尾节背侧表面也没有被一条缝分为两部分（图 5-1，I）。其口上板前部凸起呈宽菱形，也没有明显的侧脊刺。

大触角的触角鳞偏细长；其内缘凸度较小，外缘略呈凹形；外侧基角尖锐，但并未演变成脊刺。螯足大螯的固定钳爪和可动钳爪相对的边缘几乎笔直，没有明显的疣粒。雄性螯虾的螯足要比雌性螯虾大得多，且螯钳的两个钳爪向外弓起，所以钳爪顶端相合时，钳爪之间留有较大空隙；但雌性螯虾的钳爪笔直，边缘可合缝不留空隙。钳爪的上下表面几乎都很平。第六腹部附属器内肢的中脊更明显，其末端靠近边缘，呈一个凸起小脊刺。

雌性螯虾胸部倒数第二体节腹板的后部区段凸出，并分出两个叶片；雄性螯虾腹部附属器的形态也和英国螯虾略有不同。更特别的是，腹部第二附属器内肢的内卷凸起，呈极度倾斜角（图 5-2F，6）；其开口与内肢多节部的基部水平（图 5-2，7），而不是像英国螯虾那样，与这一多节部的游离端接近水平。腹部第一附属器（图 5-2，C）方面，前部卷边（图 5-2，1）与后部卷边（图 5-2，2）靠得更近，沟槽也呈更完全的管状。

可以看出，英国螯虾和加州螯虾的差别其实微乎其微。但是，如果我们假定这些差别是恒定不变的，而且在英国螯虾和加州螯虾之间不存在过渡形态，那么具有加州螯虾特征的个体就可以被认为是一个独特的物种，即我们所称的黑螯虾（*Astacus nigrescens*）。但对这一物种的定义也和英国种一样，只是形态学的抽象，体现的是该物种的结构规划与其他螯虾的不同之处。

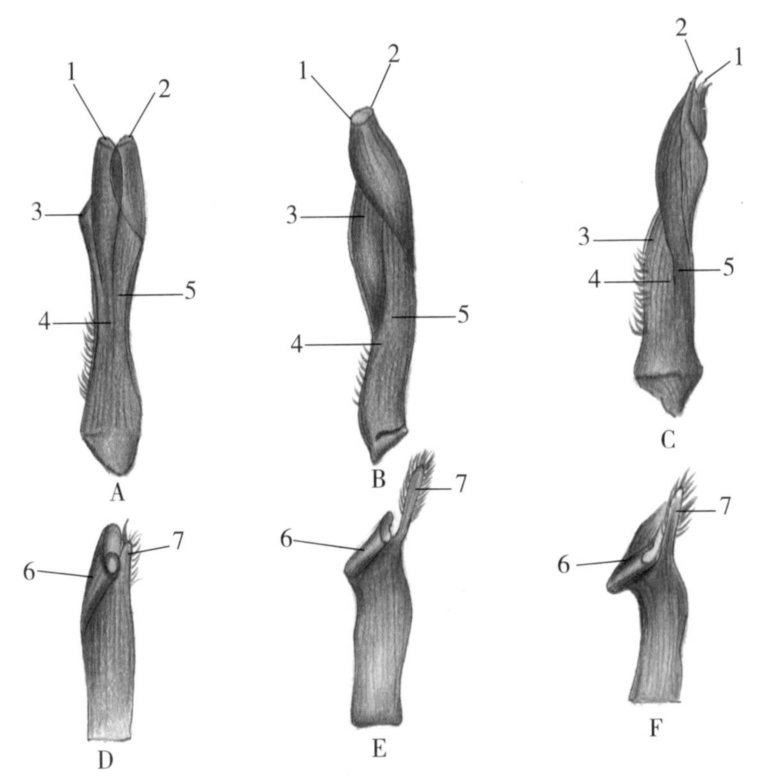

图 5-2　三种雄性螯虾腹部附属器对比

A、D. 巨石螯虾（*Astacus torrentium*）；B、E. 贵族螯虾（*Astacus nobilis*）；C、F. 黑螯虾（*Astacus nigrescens*）。（A~C. 雄性螯虾第一腹部附属器；D~F. 第二附属器内肢）

1. 前部卷边；2. 后部卷边；3、4、5. 每一个种的附属器对应部件；6. 内肢上内卷的片状物；7. 内肢末端。

我们还会逐渐看到各种各样的螯虾，它们彼此之间的差异不比和英国螯虾或加州螯虾的差异更大，因此，这些螯虾作为不同的种被归类到同一个属之下，即正螯虾属（*Astacus*）。

图 5-3 克氏螯虾（*Cambarus clarkii*）

如果我们离开加利福尼亚州，穿过落基山脉并进入北美东部各州，就会发现种类繁多的螯虾，来自英国的游客一眼就能认出它们来。但如果我们仔细观察，就会发现所有这些螯虾既不同于英国螯虾，也不同于黑螯虾，其不同程度要远大于这些螯虾彼此之间的差异。事实上，由于这些螯虾胸部末段体节没有侧鳃，其每侧的鳃数减少到 17 个。还有一些其他的不同之处，只是目前还无须提起。很方便地把这些有 17 个鳃的螯虾作为一个整体和有 18 个鳃的螯虾物种加以区分，这些螯虾不再被称为正螯虾属，而是就叫螯虾属（*Cambarus*）。

所以，目前我们提到的所有螯虾都已被分门别类了，首先把它们分到种（species）的类别下，然后这些种又被进一步分为两大类，称为属（genera）。每个属都是一个抽象概念，是由它所包含的种的共同特征汇总而成的，正如每个种也都是一个抽象概念，由它所属个体的共同特征所组成。两者在自然界中都并没有实际存在。属的定义就是对包含在该属之中所有种的共同结构规划的简单陈述；正如种的定义就是构成该种的所有个体的共同结构规划的陈述一样。

我们也能在南半球的淡水水体中发现螯虾，并且从英国螯虾身上得出的几乎所有关于结构的论述也适用于这些螯虾。换句话说，它们的总体规划是相同的。不过，这些南方的螯虾的足鳃没有明显的叶状部，而且无论雌雄，其腹部第一体节均没有附属器。南半球的螯虾也可以像北半球的螯虾那样分成许多的种，这些种又可以归为 6 个属，分别是拟螯虾属（*Parastacus*）（图 5–4）、拟虫蝲蛄属（*Astacoides*）（图 5–5）、巨螯虾属（*Astacopsis*）、滑螯虾属（*Chaeraps*）、穴螯虾属（*Engaeus*）和新西兰淡水螯虾属（*Paranephrops*）——所依据的正是之前我们把北半球螯虾归为两个属的相应原则。不过，既然我们能把相似的种归为同一个属，自然也能把类似的属合并为更高的分类类别，也就是科（*Families*）。显然，科的定义就是对特定数量的属所共同具备特征的陈述，这又是一个形态学的抽象，科和属的关系，就跟属和具体抽象的种的关系一样。此外，科的定义也是对组成这一科的所有属的结构规划的陈述。

北半球的螯虾被共同划入正螯虾科（*Potamobiidae*），南半球的螯虾则划入拟螯虾科（*Parastacidae*）。不过，这两个科又有许多彼此都具有的共同结构特征。如果我们把动物学家的这种抽象命名法再进一步发展，就可以说这两个科构成了一个“族”（*Tribe*），其定义就是对这两个科共同规划的描述。

如果我们把这些分类结果用图像的形式表达出来，可能更有助于理解。在图 5–6 中，A 所呈现的是一种动物构造规划，其中粗略画出了我们称为螯虾的自然物身上所具有的所有外部可见组成部分，只是多少有所更改，其代表的就是族的构造。B 的图形是对 A 一定的修改，以使其代表整个拟螯虾科的共同构造规划。C 则代表正螯虾科。如果我们把这张图完全画出来，就要在每个种属名称的位置，或是图中每个圆圈的位置，分别画上代表每个种和属各自

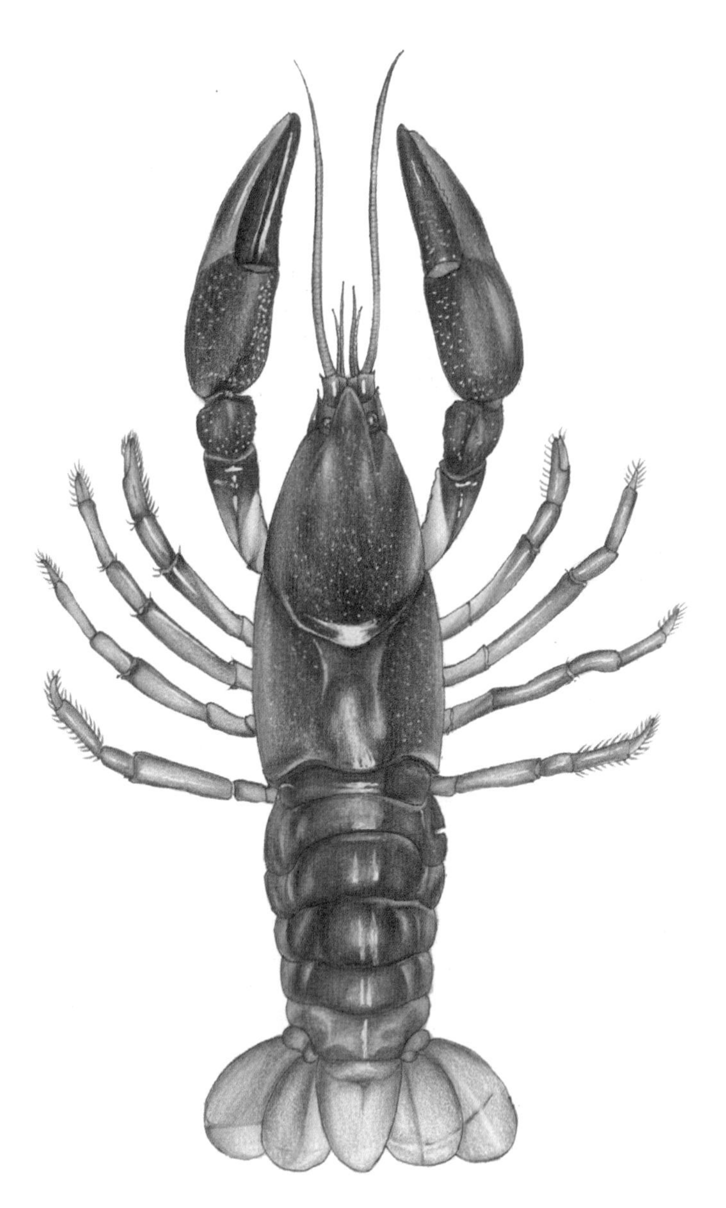

图 5-4 巴西拟螯虾（*Parastacus brasiliensis*）

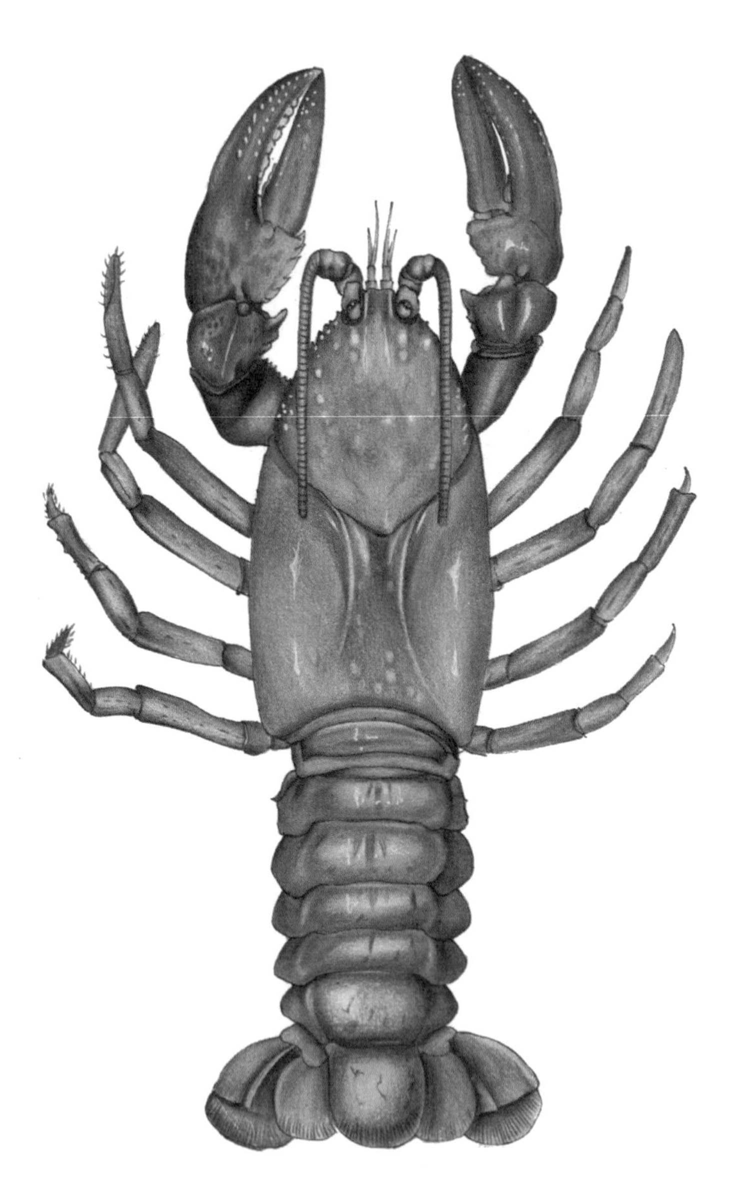

图 5-5　马岛螯虾（*Astacoides madagascarensis*）

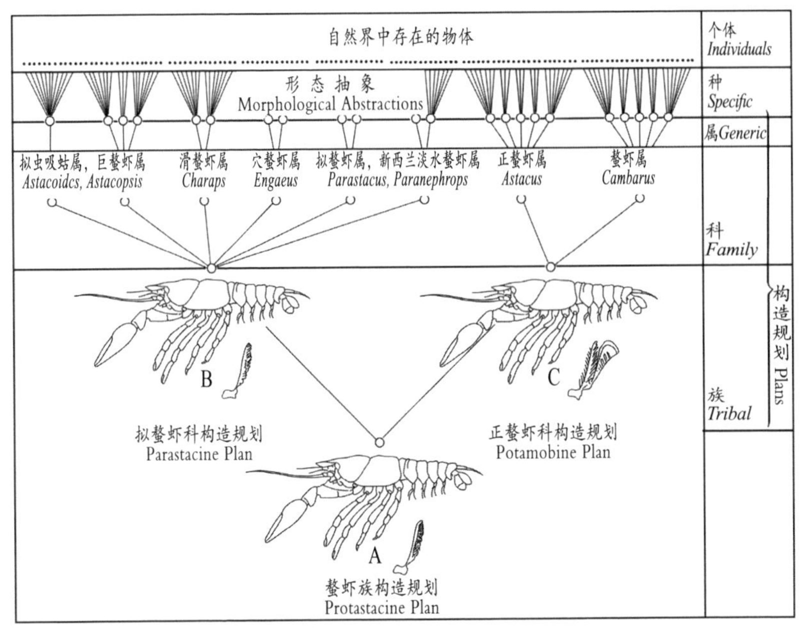

图 5-6　各科螯虾形态关系图

独特特征形态的图形。所有这些图所代表的都是抽象的心智想象物，只在我们的精神世界中存在。当我们开始绘出个别动物图形，也就是应该位于图最上方一条线上黑点位置的图形时，才算是涉及实际情况。

所有的螯虾都可视为共同构造规划 A 的某种变形，这不是假设，而是通过对个体螯虾构造的观察汇总而得到的概括。这只是一种简单展示事实的图形方法，这些事实所陈述的就是螯虾这个族（*Astacina*）的形态定义。

这个定义可做如下表述：

一种具有消化道和壳多糖表皮外骨骼，具有被食管穿过的多神经节中枢神经系统，以及心脏和鳃呼吸器官的多细胞动物。

其身体呈两侧对称，由 20 个体节（或原体节及其附属器）构成，其中 6 个构成头部、8 个构成胸部、6 个构成腹部。腹部最后一段体节上附有尾节。

腹部区域的体节均可自由活动，头部和胸部体节除最末段部分可活动外，均合并为头胸部。其背侧体壁形态为一块连贯的头胸甲。头胸甲在前方凸出为额剑，在两侧演变出鳃盖。

眼位于可活动的柄末端。小触角末端分出两根细丝。大触角外肢形态类似一块可动鳞片。下颚上有须。第一上颚及第二上颚为叶状；第二上颚还附有宽大的颚舟叶。共有三对颚足，第三对颚足的内肢较细长。颚足后方的一对胸部附属器要比其余的大得多，称为螯足；其后的两对为细长的步足。最后面的两对胸部附属器也是步足，和前面一样，但是末端没有钳爪。腹部附属器为较小的游泳足，第六对游泳足除外，后者极宽大，其外肢被一道横向接缝分为两部分。

所有螯虾均具有复杂的胃部构造。7 对前胸足肢上均附有足鳃，不过第一对足鳃均在一定程度上变形为上附肢。这些螯虾均有关节鳃，只是数量或多或少。侧鳃则可能有，也可能没有。

螯虾这一族分为两个科，正螯虾科和拟螯虾科。每个科的定义是在族定义的基础上添加该科独有特征陈述而成。

因此，正螯虾科包含那些第二、第四、第五、第六胸部附属器的足鳃上始终附有带褶叶状部，且第一对足鳃呈无鳃丝上附肢形态的螯虾。其雄性螯虾腹部第一体节始终有附属器，通常为雌雄两性均有。雄性螯虾的该位置附属器为针状，第二体节附属器形态也都经过特定改变。随后4个体节的附属器相对较小。尾节通常被一道不完全的横缝分为两部分。所有鳃丝末端均不带钩；底节刚毛或足鳃长刚毛也不带钩，不过足鳃鳃轴及叶状部上有钩状疣粒。底节刚毛始终呈弯折长形。

另外，拟螯虾科所属螯虾的足鳃上的叶状部仅有一个雏形，不过鳃轴呈翼状。第一颚足的足鳃为上附肢，但几乎都有发育良好的鳃丝。无论雌雄，其腹部第一体节均没有附属器；随后四个体节的附属器相对较大。尾节不被横贯结合缝分开。足鳃的鳃丝或多或少末端有短钩状脊刺；底节刚毛以及足鳃轴上刚毛也有钩端。

属的定义也可以通过在科的定义中加入每个属的独特特征来给出；种的定义则通过在属的定义中加入种的特征给出。只是目前还没必要进一步探讨这个主题。

在淡水或陆地上，应该没有其他栖息生物会被误认为螯虾。不过，有一些大家熟知的海洋动物和螯虾惊人的相像，其中有一种之前曾和螯虾同归一个属，即正螯虾属，后来才分开；而另一种通常被称为“海螯虾”，其中包括“普通龙虾”“挪威龙虾”“石龙虾”以及“棘刺龙虾”。

普通龙虾，学名普通螯龙虾（*Homarus vulgaris*）（图5-7）具备以下独有特征：胸部末段体节与胸部其余体节紧密相连；大触角外肢较小，外观看上去仅为一片可动鳞片；两性所有腹部附属器均发育完全；雄性腹部前两对附属器类似雄性螯虾，但变形没那么大。

其与正螯虾科的主要区别在于鳃部，每侧共有20个鳃，其中6个足鳃、10个关节鳃，以及4个完全发育的侧鳃。此外，这些鳃的鳃丝相比多数螯虾要更硬，排列也更紧密。但最大的区别在足鳃，足鳃轴纵向上完全分裂为两部分（图5–8，B）；其中一半（图5–8，7）对应于螯虾鳃的叶状部，另一半（图5–8，6）对应于羽状部。也就是说，足鳃基部（图5–8，3）前方为鳃，后方则延伸出宽大的附生片状物（图5–8，7），后者纵向上略微折起，但不像螯虾的叶状部那样呈褶皱状。

挪威海螯虾（*Nephrops norvegicus*）（图5–9）与上述龙虾的相似之处便在于后者与螯虾的不同之处：其触角鳞较大；第二颚足足鳃的鳃羽很小，甚至没有。因此有功能的鳃每侧只有19个。

上述两种螯虾所在的两个属，即螯龙虾属（*Homarus*）和海螯虾属（*Nephrops*）可归入同一个科——螯龙虾科（*Homarina*）。其也像螯虾一样基于共同构造规划而成，但是在鳃及其他方面的结构与正螯虾科所属物种有明显不同，因此需要另立一个族。很明显，螯龙虾科构造规划的专有特征与正螯虾科相似度要高于拟螯虾科。

石龙虾，学名棘刺龙虾，属于真龙虾属（*Palinurus vulgaris*）（图5–10），其与螯虾的差异要比普通龙虾或挪威龙虾要更大。因此我们就提一下最重要的区别：其大触

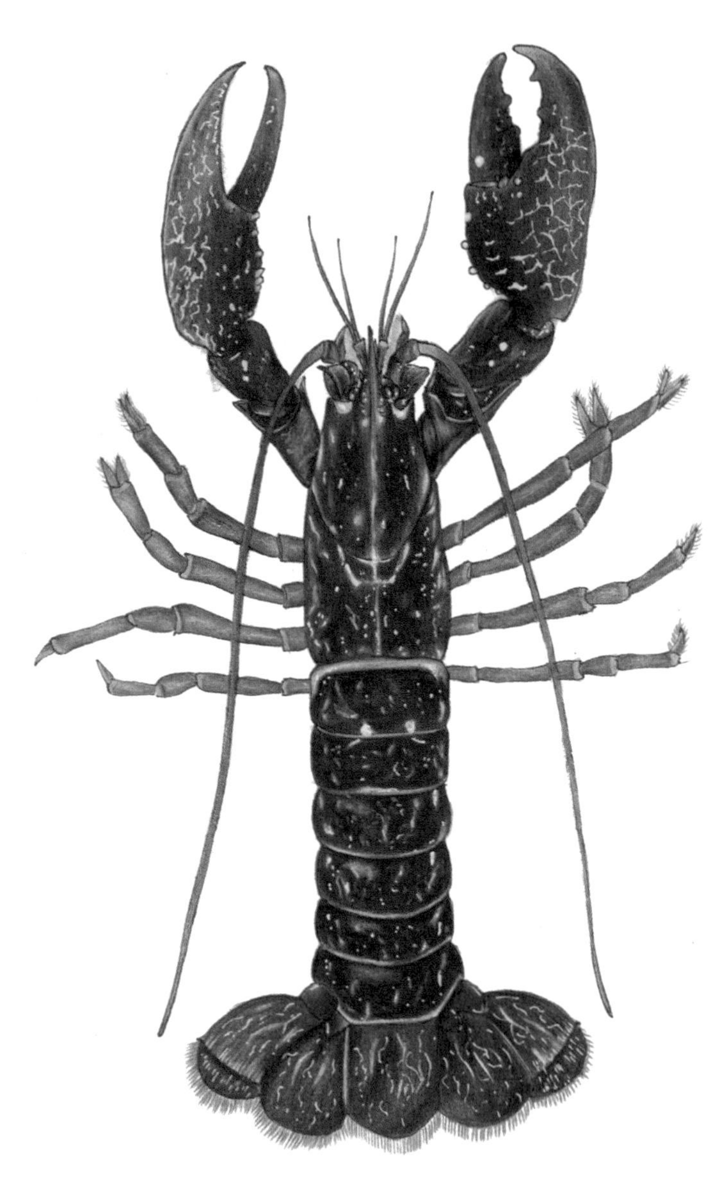

图 5-7　普通螯龙虾（*Homarus vulgaris*）

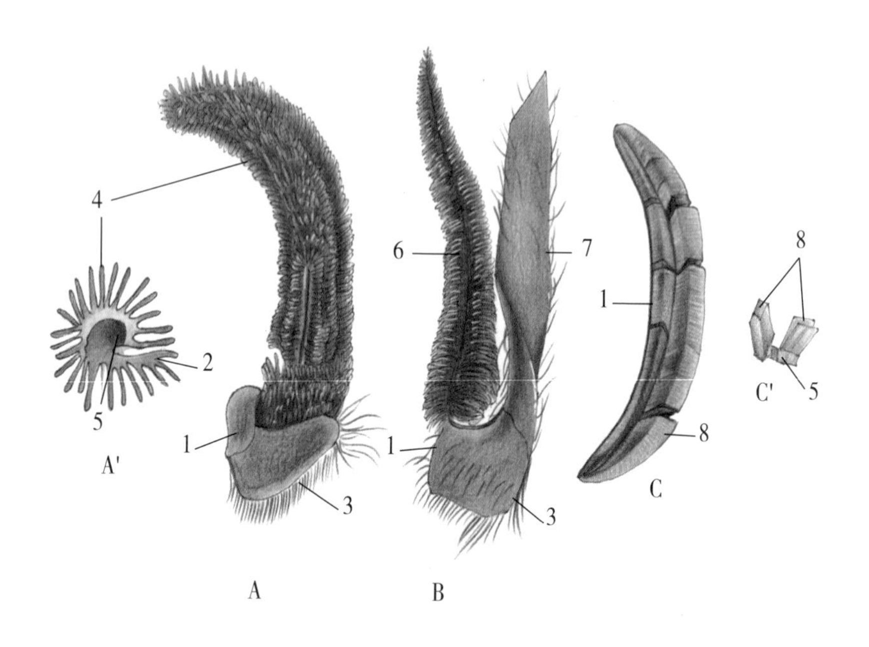

图 5-8　拟螯虾、海螯虾及长臂虾足鳃

A. 拟螯虾；B. 海螯虾；C. 长臂虾足鳃；A′、C′ 分别为 A 和 C 的横切面。

1. 附着点；2. 鳃轴翼状扩张物；3. 基部；4. 鳃丝；5. 鳃轴；6. 鳃羽状部；7. 上附肢；8. 鳃叶状部。

角更巨大；胸部后五对足肢均无钳爪，第一对足肢与其余足肢的比例也不像螯虾或者龙虾那么大。胸后部腹板非常宽大，而不像之前几个属那样相对较窄。雌雄两性腹部第一体节均无附属器。在这方面，可以看到，与螯龙虾科形成明显对比的是，石龙虾和拟螯虾科的相似度要高于正螯虾科。其鳃部和龙虾的类似，但每侧有 21 个。

石龙虾的基本构造和螯虾一致，因此可认为这两者的

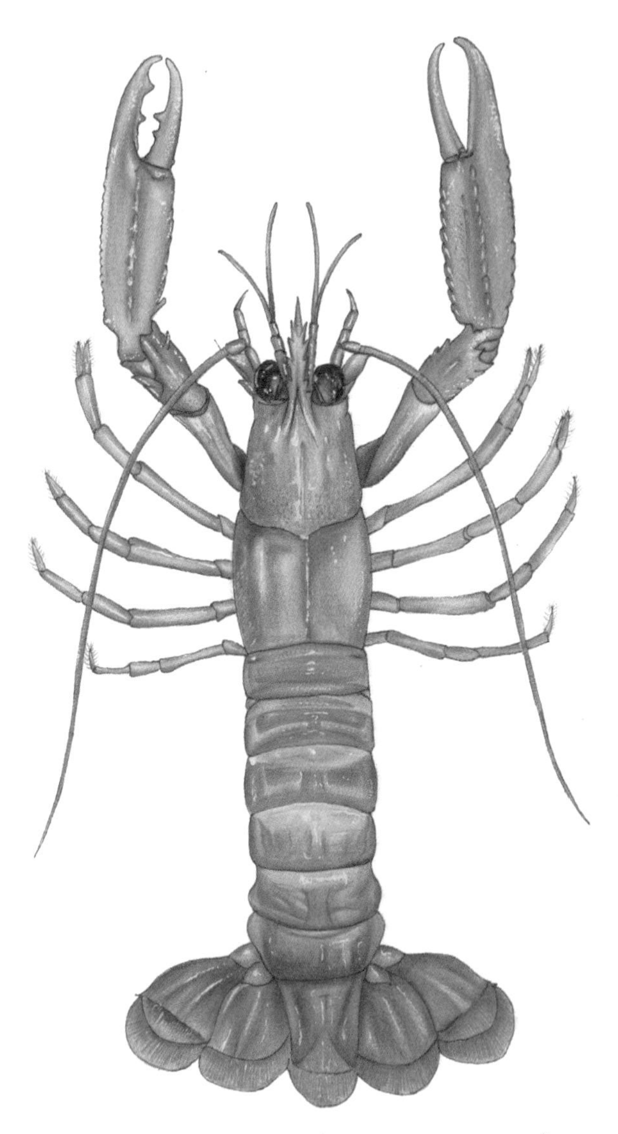

图 5-9　挪威海螯虾（*Nephrops norvegicus*）

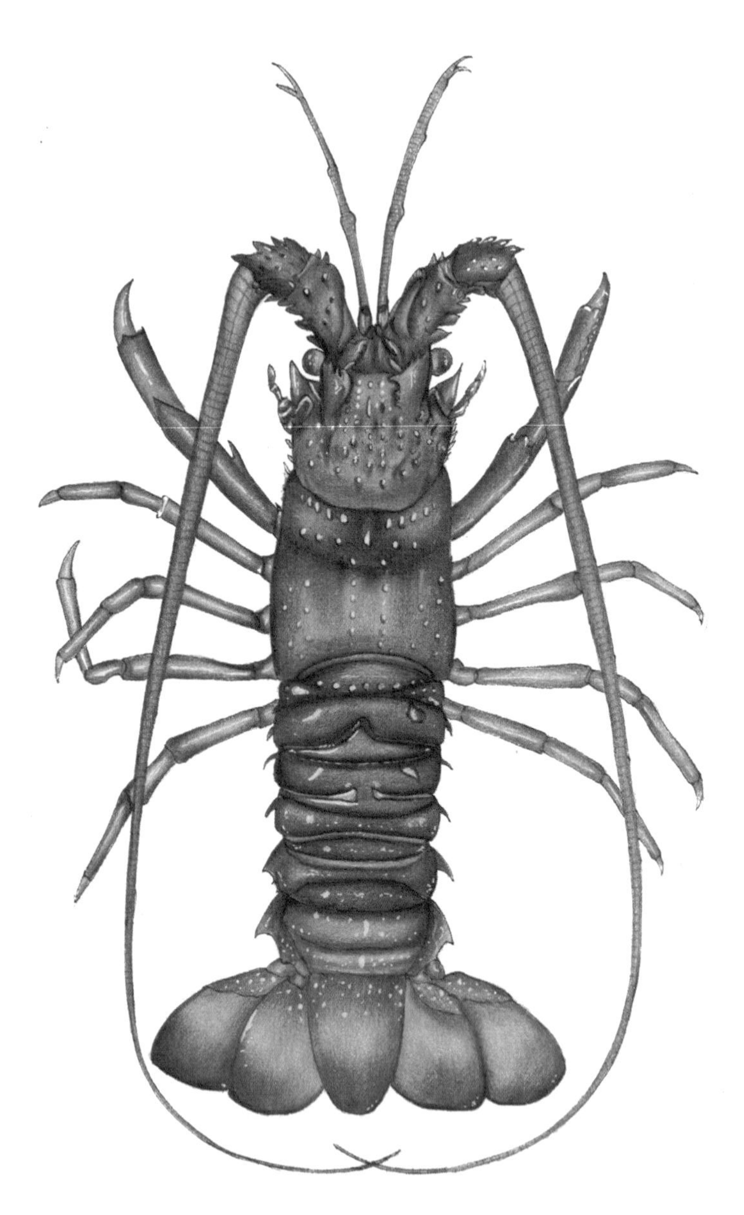

图 5-10　棘刺龙虾（*Palinurus vulgaris*）

构造规划为某个共同规划的不同改版。有鉴于此，这一族的构造规划相比螯虾一族的规划，唯一要做出的重大变动就是中胸部足肢末端用单爪代替双钳爪，还有腹部第一体节附属器不复存在。

因此，不仅所有螯虾，还有所有龙虾和石龙虾，尽管它们的外观、大小和生活习性各不相同，但形态学家却可以从中找出准确无误的生物组织基本一致性的迹象。也就是说，其中每一种都是对某个普遍主题，即它们共同构造规划的简单变形。

即使是在这些群体中数量上差异明显的鳃部，也是基于统一的原则来构造的，它们所呈现的差异，也很容易被看出是对同一个初始配置的不同改版而已。

总之，所有的鳃均为丝状鳃（trichobranchiae）。也就是说，每个鳃的形状都类似瓶刷，有一个轴上面附有致密程度不一的鳃丝。在正螯虾科、拟螯虾科、螯龙虾科和龙虾科物种中，完全鳃的最大数量是每侧 21 个。而且这个数量的鳃，总是由相应体节上附着的同样数量的足鳃、关节鳃和侧鳃组成。例如，在石龙虾和巨螯虾属（归属拟螯虾科）中，6 对足鳃分别附着于从第二对到第七对的胸部足肢上；5 对关节鳃附着于第三对到第七对胸部足肢的关节间膜上，还有 1 个关节鳃附于第二体节上，总数是 11 个；4 个侧鳃则位于胸部后 4 个体节的后侧板上。此外，巨螯虾属中胸部第一对附属器（第一颚足）的上附肢上有鳃丝，是简化版的鳃。

这些事实可以用下列表格形式说明（表 5-1）：

表 5-1　巨螯虾的鳃分布规则

体节及其附属器	足鳃数量（个）	关节鳃数量（个）		侧鳃数量（个）	合计
		前部	后部		
7	0	0	0	0	0
8	1	1	0	0	2
9	1	1	1	0	3
10	1	1	1	0	3
11	1	1	1	1	4
12	1	1	1	1	4
13	1	1	1	1	4
14	0	0	0	1	1

这个“鳃分布规则表”所展示的不仅是鳃的总数，而且还列出了每种鳃的数量，以及每个体节所连接的不同种鳃的数量。该表格还进一步指出胸部第一体节的足鳃是经过改变的，仅为上附肢形态，上面分布有鳃丝。

石龙虾中，上附肢上就没有鳃丝了，于是鳃的分布规则变成了如表 5-2 所示。

表 5-2　石龙虾的鳃分布规则

体节及其附属器	足鳃数量（个）	关节鳃数量（个）		侧鳃数量（个）	合计
		前部	后部		
7	0	0	0	0	0
8	1	1	0	0	2

续表

体节及其附属器	足鳃数量（个）	关节鳃数量（个）		侧鳃数量（个）	合计
		前部	后部		
9	1	1	1	0	3
10	1	1	1	0	3
11	1	1	1	1	4
12	1	1	1	1	4
13	1	1	1	1	4
14	0	0	0	1	1

龙虾的第八体节上单个的关节鳃没有了，于是每侧的鳃数量减少到 20 个。

但在正螯虾属中，这个鳃还有；但在英国螯虾身上，最前方侧鳃消失了，另两个侧鳃也只有未发育的雏形。我们还提到过，其他正螯虾物种会保有第一侧鳃的雏形（表 5–3）。

表 5–3　正螯虾的鳃分布规则

体节及其附属器	足鳃数量（个）	关节鳃数量（个）		侧鳃数量（个）	合计
		前部	后部		
7	0	0	0	0	0
8	1	1	0	0	2
9	1	1	1	0	3
10	1	1	1	0	3

续表

体节及其附属器	足鳃数量（个）	关节鳃数量（个）		侧鳃数量（个）	合计
		前部	后部		
11	1	1	1	0 或 r	3 或 $3+r$
12	1	1	1	r	$3+r$
13	1	1	1	r	$3+r$
14	0	0	0	1	1

螯虾属中，由于最后一个侧鳃消失，鳃数量减少到 17 个；而在拟虫蝲蛄属中，这个递减过程还在持续，以至于只剩下 12 个完整鳃，其余的鳃要么只是未发育的雏形，要么就完全消失（表 5–4）。

表 5–4　拟虫蝲蛄属鳃分布规则

体节及其附属器	足鳃数量（个）	关节鳃数量（个）		侧鳃数量（个）	合计
		前部	后部		
7	0	0	0	0	0
8	1	r	0	0	$1+r$
8	1	1	0	0	2
10	1	1	r	0	$2+r$
11	1	1	r	0	$2+r$
12	1	1	r	0	$2+r$
13	1	1	r	0	2
14	0	0	0	1	1

正如这些规则表所表明的，那些有丝状鳃的甲壳类如果每侧完全鳃数量小于21，那么那些不见的鳃都有迹可循，要么是以足鳃变形为上附肢的形式，要么就是关节鳃或侧鳃呈未发育的雏形。

在海洋中，对虾属物种（*Penaeus*）（图5–13）的鳃也是经过独特修改的丝状鳃。其有功能鳃的数量和龙虾一样，是20个。不过，对这些鳃分布的研究显示，其总体分布方式很不一样（表5–5）。

表5–5 对虾属鳃分布规则

体节及其附属器	足鳃数量（个）	关节鳃数量（个）		侧鳃数量（个）	合计
		前部	后部		
7	0	1	0	0	1
8	0	1	1	1	3
9	0	1	1	1	3
10	0	1	1	1	3
11	0	1	1	1	3
12	0	1	1	1	3
13	0	1	1	1	3
14	0	0	0	1	1

这个情况很有意思，因为它表明足鳃整体可以丧失鳃的特征，并简化为上附肢，就好像螯虾和龙虾的第一对鳃，以及大多数我们纳入考虑的形态。而且因为除一个体节外，胸部所有体节均附生有关节鳃和侧鳃，我们可以假设一个

真正完整的胸部体节应该每侧有 4 个鳃，如表 5-6 所示。

表 5-6 假设的完整鳃分布规则

体节及其附属器	足鳃数量（个）	关节鳃数量（个）		侧鳃数量（个）	合计
		前部	后部		
7	1	1	1	1	4
8	1	1	1	1	4
9	1	1	1	1	4
10	1	1	1	1	4
11	1	1	1	1	4
12	1	1	1	1	4
13	1	1	1	1	4
14	1	1	1	1	4

根据这个假设的完整鳃分布规则，我们可以认为所有实际情况下的鳃分布都是从这一假设中演变而来，要么是最前部的鳃在一定程度上发育被抑制，要么就是最后部的鳃如此，或者两种情况都有。足鳃的情况就是鳃变为上附肢，其他鳃的情况就是未发育，或者干脆消失。

普通长臂虾（*Palaemon*）（图 5-11）的一般外观和缩小版的龙虾或螯虾非常相似。但更细致的研究会发现这个物种和螯虾其实并没有基本的相似性。事实上，它们的体节和附属器数量，及其一般特征和分布是相同的。但是长臂虾的腹部相对于头胸部的比例要大得多；大触角基部的鳞片或者说外肢也大得多；外颚足更长，并且和胸部后面附属器的差别没那么大。外颚足后方第一对足为螯钳，对应螯虾的螯足，但非常细长；第二对足也为螯钳，比第一对更大，有时候极长极粗（图 5-11，B）；其余胸部足肢末端为单爪。腹部前 5 个体节上均有较大游泳足，就好像船桨一样，会在平稳游水时用到。雄性螯虾腹部第一对足肢和其余的仅略有不同。额剑极大，上面锯齿明显。

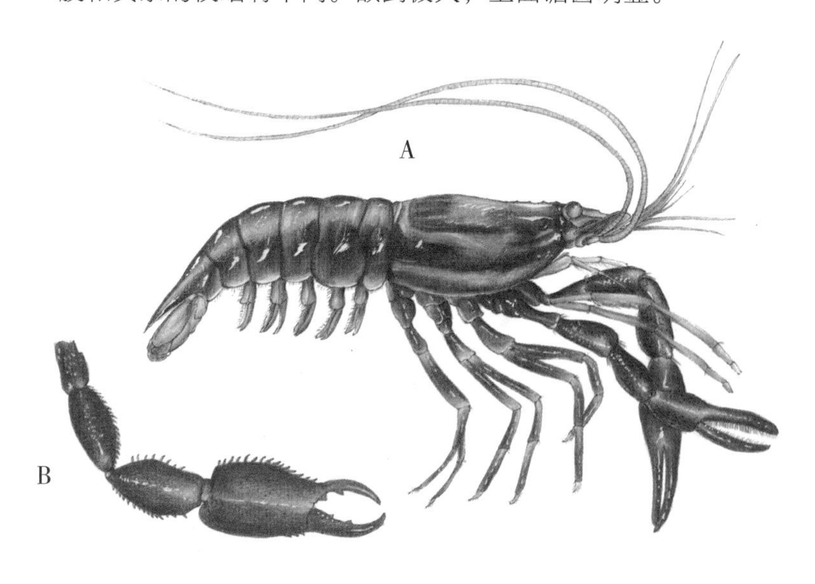

图 5-11　牙买加长臂虾（*Palaemon jamaicensis*）

A. 雌性螯虾；B. 雄性螯虾第五胸部附属器。

不过，比起呼吸器官中体现的重大差异来，上述和螯虾的区别都不算什么。长臂虾鳃总数只有 8 个。其中，5 个为较大的侧鳃，附生于胸部后五个体节的后侧板上；2 个为关节鳃，固着于外颚足关节间膜；剩下的是唯一一个完整的足鳃，附着于第二颚足。第一鄂足和第三颚足的足鳃仅为较小的上附肢。因此其鳃的分布规则如表 5-7 所示。

表 5-7　长臂虾鳃分布规则

体节及其附属器	足鳃数量（个）	关节鳃数量（个）		侧鳃数量（个）	合计
		前部	后部		
7	0	0	0	0	0
8	1	0	0	0	1
9	0	1	1	0	2
10	0	0	0	1	1
11	0	0	0	1	1
12	0	0	0	1	1
13	0	0	0	1	1
14	0	0	0	1	1

事实上，长臂虾给我们呈现的是鳃部系统经过极端改变的例子，但对虾属的例子还没这么极端。长臂虾的足鳃几乎完全没有，较大的侧鳃成了主要呼吸器官。

但这还不是唯一区别。其鳃不是刷状，而是叶状。这些鳃不是丝状鳃（trichobranchiae），而是叶状鳃（phyllobranchiae）。也就是说，鳃中轴上分布的不是大量纤细鳃丝，而是仅有两排又扁又宽的薄片（图 5-8，C、C'），分别位于鳃轴（图 5-8，C'）的两侧，这些薄片的尺寸从鳃轴固着区域往上、往下逐渐缩小。这些薄片致密叠加在一起，就好像书页一样。当血液穿过这些薄片上的通道时，就可与富含空气的水流亲密接触，至于水流穿过这些鳃片的驱动方式，则与前述螯虾的呼吸机制相同。

尽管长臂虾的叶状鳃和我们之前探讨过的那些甲壳类的丝状鳃外观不同，但它们也可以很简单地归并到同一类。在和龙虾亲缘较近的海蛄虾属（*Axius*）中，每个鳃轴上的相对侧各有单串鳃丝。如果这种两列对生的鳃丝再大一点，呈片状的话，那么就明显是丝状鳃和叶状鳃之间的过渡形态了。

褐虾属（*Crangon*）也有叶状鳃，其余长臂虾的不同主要是，其更便于抓握和移动的胸部足肢。

还有其他一类非常有名的海洋动物，在一般人眼中，它们和龙虾以及螯虾关系匪浅，只不过其与后两者在大致外观上的差异度要远高于我们之前考虑过的情况。这就是蟹类。

在我们目前探讨过的所有物种形态中，腹部要么和头胸甲一样长度，要么更长，不过两者宽度差不多，或者腹部略窄。其第六体节有极宽大附属器，和尾节一起组成有力的尾鳍。这个较大的腹部在运动中起到重要作用。

此外，头胸部长远大于宽，前方凸出为长额剑。大触角基部可自由活动，且有一个可活动的外肢。此外，眼柄并不封闭在空腔或眼眶中，眼本身位于小触角上前方。外颚足较细，内肢大致呈腿状。

但这些陈述一个也不适用于蟹。蟹类的腹部很短且扁平，且总体上均反折紧贴在头胸部下表面，以至于第一眼往往被忽视。这种腹部并不是游泳器官，6 个体节上也没有任何附属器。蟹类头胸甲的宽要大于长，没有凸出的额剑。在额剑的位置上只有一个短小凸起（图 5–12，5），向下划出一个垂直隔断，分隔两个腔体。

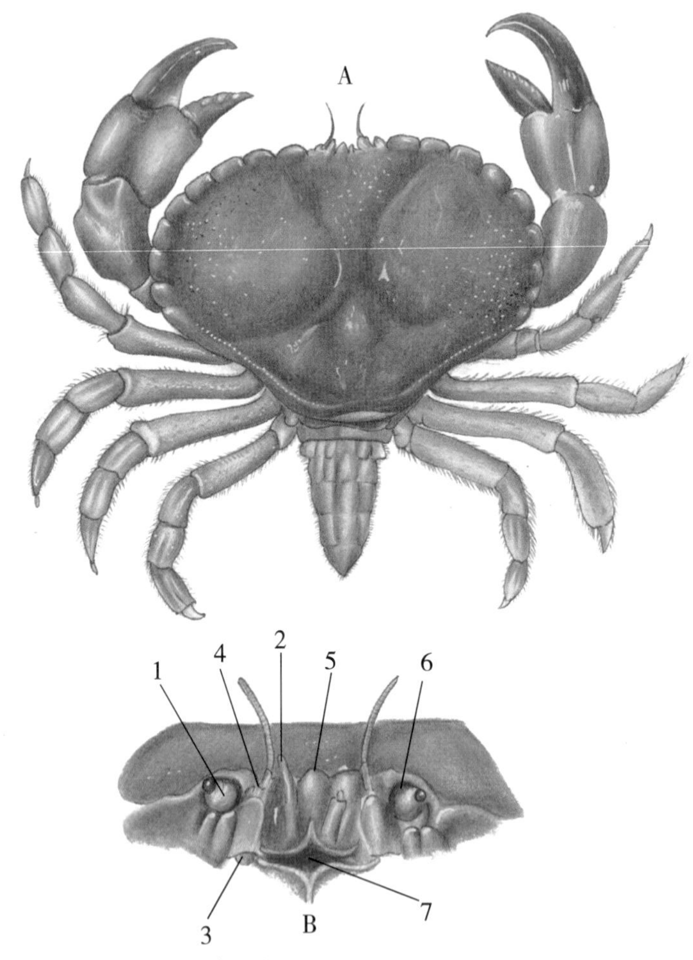

图 5–12　普通黄道蟹（*Cancer pagerus*）

A. 背视图，腹部展开；B. “面部”前视图。

1. 眼柄；2. 小触角；3. 大触角基部；4. 大触角游离部；5. 额剑；6. 眼眶；7. 小触角所在腹板。

这两个腔体是小触角（图 5–12，2）的隆起基节所在。这两个腔体的外侧边界由大触角的基部（图 5–12，3）构成，大触角牢固着生于头胸甲的边缘。蟹类大触角上没有外肢鳞片；大触角的游离部分（图 5–12，4）也很小。眼部凸出的角膜面位于大触角基部外侧的眼眶（图 5–12，6）中，眼眶的内缘由大触角基部构成，上方和外侧边界则由头胸甲构成。因此，之前虾类的形态中，眼部都是靠近中线，且最靠前；小触角则是靠外侧，并位于眼后方，随后才是大触角。蟹类的小触角位于最靠里侧位置，靠外一点是大触角；眼反而位于最外侧，且在大触角及小触角之后。但是，其实眼柄的附着方式并没有真正变化。如果我们把小触角和大触角基节移除，就会发现眼柄基部附着点和螯虾一样，也位于接近中线的内侧，且位于小触角前方。只不过这眼柄非常长，并从小触角和大触角后方向外伸展。由于眼柄探入眼眶中，只有其角膜面可见。

此外，外颚足坐肢节扩展为一个宽大的正方形片，两侧的片在中线合拢，并遮盖住其他咀嚼器官，就像正方形门口的两扇折叠门一样。在这对颚足后方的是巨大的螯钳，和螯虾的情况类似，不过，再往后的 4 对胸部足肢末端均为单爪。

如果我们把蟹腹部强行向后打开，会发现其腹侧面呈软质膜状。腹部没有游泳足。不过，雌蟹的前 4 对腹部足肢呈特异附属器状，可附着蟹卵；雄蟹腹部第一、第二体节上附有两对针状器官，作用和雄性螯虾的对应器官类似。

鳃盖的侧部大幅内折，其边缘大部与步足基部紧密相连，连鳃裂都没有留下。不过，在螯足基部前方有一个细长裂口，就是水流进入鳃腔的入口其可由一个与外颚足相连的阀门结构控制开闭。用于呼吸作用的水在颚舟叶的作用下持续流动，并通过两个孔洞排出。这两个孔洞是由外颚足从前面入口裂孔中分割出来的，位于这些呼吸器官所在方形区域的两侧。

蟹每侧仅 9 个鳃，和长臂虾或褐虾一样，这些鳃均为叶状鳃（见表 5-8）。其中 7 个鳃呈锥形，占了大部分体积。当鳃盖去除时，可见这些鳃紧贴内壁排列，鳃的尖端汇集于内壁顶点。这些鳃中，靠后的两个为侧鳃，5 个为关节鳃。剩下的两个是足鳃，分别附着于第二、第三颚足。每个鳃都可分为鳃部和附生部，后者呈长弯曲叶片形。第二颚足足鳃的鳃部较长，水平状紧贴于前四个关节鳃基部下方；第三颚足足鳃较短，呈三角形，嵌入第二、第三关节鳃基部之间。第三颚足附生部极长，基部上附有之前提到过的，控制鳃腔入口开闭的阀门结构。第一颚足足鳃仅有一个附生的弯曲长片状物，可以扫过其他鳃的外表面，其作用显然是帮助鳃排除异物。

表 5-8　普通黄道蟹鳃的分布规则

体节及其附属器	足鳃数量（个）	关节鳃数量（个）		侧鳃数量（个）	合计
		前部	后部		
7	0	0	0	0	0
8	1	1	0	0	2
9	1	1	1	0	3

续表

体节及其附属器	足鳃数量（个）	关节鳃数量（个）		侧鳃数量（个）	合计
		前部	后部		
11	0	0	0	1	1
12	0	0	0	1	1
13	0	0	0	0	0
14	0	0	0	0	0

可以看出，这种情况下几乎所有鳃系，无论其前端还是后端，都出现了鳃被抑制发育的状况。不过，鳃数量的减少由鳃体积的增大来弥补，而且不像长臂虾的情况中只有侧鳃增大，蟹的侧鳃和关节鳃均有所增大。与此同时，整体鳃部作为呼吸器官的功能更加完善。头胸甲边缘更加严丝合缝，且入水和出水孔洞可闭合，这让蟹与其他同类物种相比，更能离水独立活动。部分蟹类甚至习惯生活在干燥陆地，并通过吸入和呼出鳃腔的空气来实现呼吸。

然而，尽管蟹的构造与习性与螯虾如此迥然不同，但经过细致观察，就可发现其基本身体构造在各个方面其实与螯虾并无二致。其身体也是由相同数量体节组成。两者头部及胸部附属器的数量、功能，乃至大致结构都是相同的。只不过雌蟹腹部有 2 对附属器消失，而雄蟹则有 4 对消失。大触角的外肢不见踪影，胸部后 5 对足肢所附生足鳃甚至连上附肢形态都不存在了。极为细长的眼柄向后并向外弯折，贴于小触角和大触角基部上方，大触角基部与前部头胸甲边缘愈合在一起。蟹这一极为特别的板间面（metope）（图 5-12，

B）结构，其实就是对螯虾各个头部部件排列的简单变化而来的。两者的构造其实仍相同。

上面的那些插画所选取的都是我们最常见、最容易获取的甲壳类动物。但它们足以证明，仅仅通过比较解剖学，我们就能够概括出一种生物组织的构造，且这种结构为许多形态和习性极为不同的动物所共有。

只要时机恰当，我们可以很容易把这种对比方法扩展到包括各种蟹类、螯虾类或对虾类动物，涵盖几千个物种的整个动物族群。因为这些动物的眼均位于可活动的眼柄上，因此被统称为有眼柄甲壳类（*Podophthalmia*）。并且通过类似论证，就可证明它们均源自一个共通构造的变形。不仅如此，连海岸边的沙蚤、陆地上的木虱，或是池塘里的水蚤，甚至附着于浮木上的藤壶，以及我们海岸边岩石上几乎无处不在的赤贝等各异的生物形态，也可以揭示出相同的基本组织构造。不止于此，蜘蛛、蝎子、马陆、蜈蚣，以及昆虫世界中的众多成员，尽管其形态千姿百态，细节层出不穷，但如果我们掌握了螯虾的形态学构造原则，就会发现这些看似千变万化的形态其实了无新意。

这些实际存在的物种均有一个可分为多个体节的身体，每个体节上有一对附属器，而且对这些体节和附属器的修改也严格遵照某种原则，正如有眼柄甲壳类中对共同构造规划的修改一样。这些统称为节肢动物（*Arthropoda*）的物种，总数可占到动物界的 2/3，很可能是从同一个原始形态进化而来。

这个结论并非仅仅是推测而已。基于观察，尽管从某种意义上来说，并非所有节肢动物都源自某个初始形态；但从另一个意义上来说，却可以认为确实如此。每个物种都可以在发育过程中回溯到卵细胞，这个卵细胞再形成囊胚层，胚胎从囊胚层形成的方式和幼体螯虾的发育方式基本相似。

而且很大一部分甲壳类的胚胎在离卵时为一个小椭圆形幼体，被称为无节幼体（*Nauplius*）（图 5-13，D），其通常有 3 对附属器作为游泳足，还有一个中眼。当这一幼虫蜕皮时，其形态也会随之改变，此时幼虫会进入一个新形态阶段，称为蚤状幼体（*Zoaea*）（图 5-13，C）。此时，无节幼体的三对运动附属器会变为未发育的小触角、大触角及下颚，同时两对或以上的前胸部附属器开始生出外肢，以帮助幼体运动。蚤状幼体的显著特征之一就是腹部已长出，但其上并无附属器。

部分有眼柄甲壳类，比如对虾属（图 5-13），雏虾离卵时就是无节幼体形态，随后再变为蚤状幼体。随着胸后部附属器开始出现，每个还带有上附肢。带柄的眼部以及腹部器官开始发育，幼体便进入了我们所说的糠虾期（*Mysis*）或裂脚期（*Schizopod*）。成体阶段与这一糠虾期的主要区别在于鳃的出现，以及胸部后五个足肢外肢的未发育特征。

在糠虾的情况中，幼体在发育完全前不会离开母虾的育儿袋。这种情况下，无节幼体期非常短，处于胚胎发育早期的未完成状态，以至于除了一层发育出来随后马上蜕去的表皮外，几乎无法辨认这一阶段。

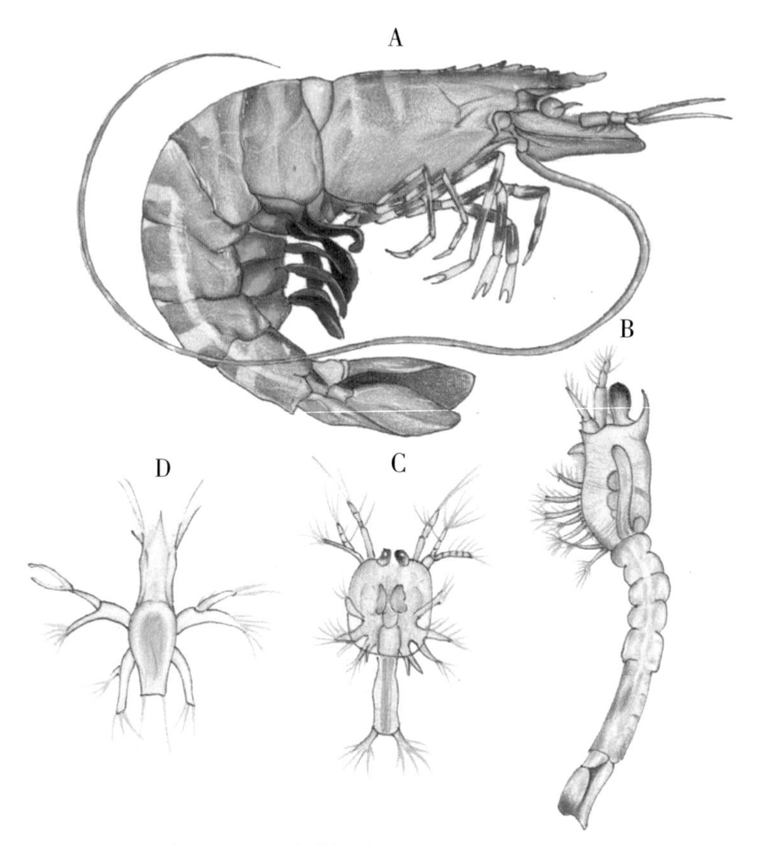

图 5-13　短沟对虾（*Penaeus semisulcatus*）

A. 成虾；B. 蚤状幼体；C. 某种对虾更早期蚤状幼体；D. 无节幼体。

大多数的有眼柄甲壳类的无节幼体期都在毫无明显征兆的情况下就度过了。幼体从成体上释放出来时已经是蚤状幼体形态。对虾终其一生都有带游泳足的宽大腹部，其蚤状幼体在经历糠虾期或裂脚期后，就变为成体形态。

蟹在离卵时即为蚤状幼体（图 5-14，A 及 B）。但这之后并没有出现裂脚期，因为后五对胸部足肢从一开始就没有外肢。不过蚤状幼体在获得带柄眼部以及一整套胸腹部附属器，并进入所谓大眼幼体期（*Megalopa*）（图5–14，C及D）后，还会经历一个更完整的变形过程。其头胸甲变宽，头前部经过变形后，形成具有特征性的板间面；腹部失去了一定数量的后部附属器，并折入胸部下方其最终位置。

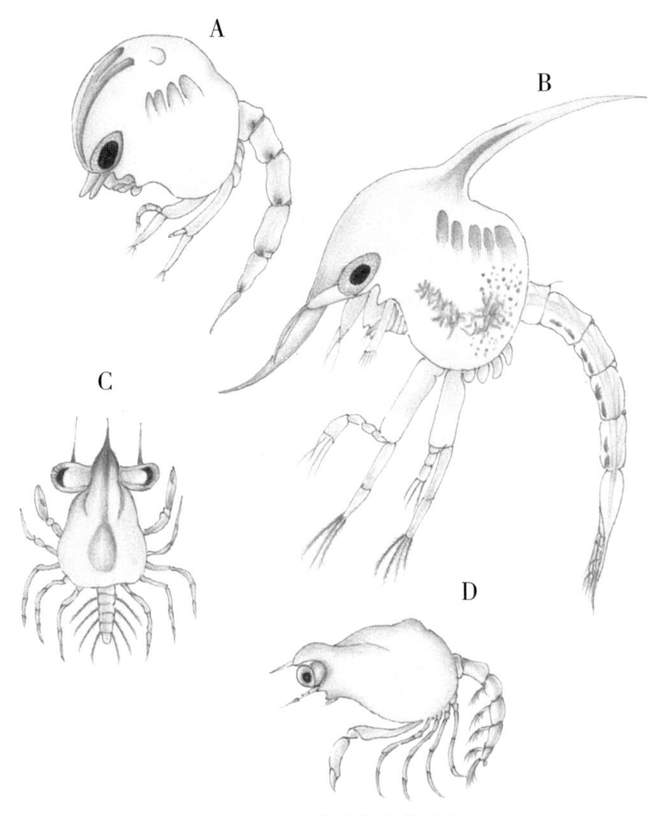

图 5–14　普通黄道蟹幼体

A. 刚孵化出的蚤状幼体；B. 更晚发育阶段的蚤状幼体；C. 大眼幼体背视图；D. 大眼幼体侧视图。（图中A和B的放大倍数高于C和D）

在蚤状幼体状态下，那些会成为颚足的胸部足肢均有发育完全的外肢，而在自由游动的糠虾状态中，所有这些足肢都有外肢。糠虾类的这些外肢会保持一生；对虾类身上只留有未发育的雏形；至于对虾，则干脆完全消失了。

因此，通过这些动物证明所有足肢类型具备胚胎学的一致性并不困难，但从螯虾的发育并不能提供相应的完整证据。实际上，螯虾这种甲壳类的发育过程似乎就是省略步骤的极限形式。螯虾的胚胎没有明显独立的无节幼体期或蚤状幼体期，而且和蟹类一样，螯虾也没有裂脚期或糠虾期。螯虾的腹部附属器很早就发育了，新破卵的雏虾有点像蟹的大眼幼体期，只是在一些方面和成体螯虾有所区别。

根据比较形态学，我们不得不承认，节肢动物整体都与螯虾有或近或远的亲缘关系。如果我们以同样细致的态度研究鲈鱼和田螺，也能得出类似的结论。比如鲈鱼首先可以通过相似的归类分级与其他鱼类建立相关性；然后再推而远之，和蛙类、蝾螈、爬虫类、鸟类、哺乳类一一联系起来。换句话说，就是和整个脊椎动物大类相联系。同样，基于相似的数据和类似的推理，我们也可以把田螺和软体动物联系起来，包括这一类别下的各种蛞蝓、贝类、鱿鱼和乌贼等。在每个例子中，对发育的研究都会让我们回溯到动物的初始状况，也就是卵，然后是卵黄分裂，囊胚层形成以及囊胚层转变为原肠胚的过程，也就是发育的早期阶段。所有的蠕虫、海胆、海星、水母、水螅和海绵都会经历这些阶段。只有在最微小和简单的动物生命形态中，胚胎或卵子直接蜕变为成体而不经历最初的分裂过程。

即使在这些原生动物中，多数仍保留了典型的有核细胞结构，这些动物的整体就相当于高等动物的某个组织学单位之一。一个变形虫在形态学上与螯虾的一个血细胞就具有严谨的可对比性。

因此，正如我们可以把所有螯虾看成是对螯虾科共同构造的某种修改一样，我们也可以把所有多细胞动物看成是原肠胚的某种修改，原肠胚自身则看成一种有着特定排布的细胞集合体。至于原生动物，就是此类细胞的单独或聚合状态。

我们也很容易证明，植物的存在形态也是细胞集合体或单细胞两择其一。那么，无论是以生理学还是形态学，既然我们在最简单的植物和最简单的原生动物之间，都没有办法划分一道那么明确的分界线，我们是不是可以说所有生命形态彼此都具有形态学的相关性呢？既然我们在任何意义上都可以说英国螯虾和加州螯虾之间有亲缘关系，那么同样意义上，是不是可以说所有生物都彼此相关呢？虽然这两者的相关程度有所不同。比如那些原生质体，我们很难确切说出它是动物还是植物，但它已经被赋予了一种内在的自我改变能力，并通过卵子的发育过程将这种内在能力日益显现出来。通过对这个过程的观察，我们就有足够理由来解释任何植物或动物的存在。

这就是比较形态学的伟大成果。而且还需指出的是，这个成果并非来自猜测，而是一种概括。解剖学和胚胎学的真理都是基于对经验事实的概括性陈述。一种动物在结构和发育上是否与另一种动物相似，这个问题可以通过观察来加以检验。所有动植物组织具有一致性的信念，其实也不过是对经验的结论而已。但如果这只是对结论加以陈述的方式，那么毫无疑问，是不是可以认为所有动物和植物可能进化自一个共同生命物质基础，其过程就与我们日常生活中可见的个体动物及植物的进化方式相似？这个想法不是令人信服的吗？

但令人信服未必意味着这就是真的，并没有任何纯粹的形态学证据足以证明生命形式是从一种途径，而不是另一种途径而来的。

不同教堂可以有共同的结构，就像螯虾那样，但是，这些教堂并不是从某个共同祖先发展而来的，而是单独建造的。那么，不同种类的螯虾是不是单独构造的呢？对这个问题，如果我们不考虑与之相关的一系列事实，那就无法作答。这些事实我们目前还尚未触及，会在下一章讲到。

---

[1] 作者原注：各个年龄螯虾的尺寸参照的是法国的“红爪螯虾”，而不是英国螯虾，后者要小得多。毫无疑问，这两个种类螯虾的增长比例是基本相同的，但英国螯虾的增长情况并未得到证实。

[2] 作者原注：系统动物学的人会发现，把螯虾和对虾放在一起比较之前提到的所有方面，是对观察力的极佳训练方式。

第六章

螯虾的分布与原因论

据我所知，所有栖息于英伦诸岛的螯虾都与上文所给出的描述完全相符。在英国的一些河流中，比如伊希斯河以及泰晤士河的其他支流中，都有大量的螯虾生存。在德文郡也可以发现它们的踪迹。[1] 但也有许多其他地区似乎并无螯虾。我就没听说过东边的凯姆河或乌兹河，或是西边的兰开夏郡和柴郡等地的河流里有螯虾的。更值得注意的是，根据我所能获得的最全面信息，在塞文河中并无螯虾踪迹，但在泰晤士河和塞文运河中却又大量存在。麦金托什博士对苏格兰地区动物种群尤为关注，他向我保证，在特威德以北，螯虾不为当地人所知。另一方面，在爱尔兰，许多地区都分布有螯虾[2]。但是，它们的分布状况乃至它们如何被引入这个岛屿，期间是否有人为因素影响，这些问题的答案目前仍不明朗。

英国的动物学家总是把我们国家的螯虾冠以 *Astacus fluviatilis* 的学名，直到最近，多数欧洲大陆的博物学家一直用这一种名指称另一种类似形态的螯虾属物种。

于是米尔恩·爱德华兹在他 1837 年出版的经典作品《甲壳类动物》(*Crustacea*) 中[3]，在“常见螯虾”一栏下写道：“这种螯虾有两个变种：一种的额剑从基部向前逐渐收窄，侧边脊刺与额剑末端极为接近；另一种的额剑侧边在后半部基本平行，侧边脊刺更粗，离末端更远。”

这里提到的“第一类变种”，法文名称叫白爪螯虾 (*Écrevisse à pieds blancs*)[4]，以便和“第二类变种”相区别，后者被称为红爪螯虾（*Écrevisse à pieds rouges*），因为其螯足和步足多少呈一点红色。第二类变种体型更大，一般可长到 12 厘米，有时候甚至更大；由于它烹饪后的味道更佳，因此在市场上更受推崇。

在德国，人们对这两种形态的螯虾也早有区分，前者被称为石螯虾（stone crayfish），而后者则称为贵族螯虾（noble crayfish）。

如我们所见，米尔恩·爱德华兹把这两种形态的螯虾归为 *Astacus fluviatilis* 这一种下的“变种”。但是，早在 1803 年，一些动物学家就开始把石螯虾视为一个单独物种，施兰克[5]将其命名为 *Astacus torrentium*[6]；至于贵族螯虾，则仍沿用老名称 *Astacus fluviatilis*。随后，各种形态的石螯虾又被进一步区分为 *Astacus saxatilis*、*Astacus tristis*、*Astacus pallipes*、*Astacus fontinalis* 等不同种；另外，特别关注这个问题的格斯坦菲尔特博士[7]，则否认这些螯虾只是同一个物种的变种[8]。他认为我们所说的这种螯虾和米尔恩·爱德华兹所说的“第二类变种”其实是截然不同的两个物种。

于是，在围绕英国螯虾和法国螯虾的问题上，我们目前可整理出三种观点：

（1）它们都是同一个种——*Astacus fluviatilis* 的变种。

（2）有两个种——*Astacus fluviatilis* 和 *Astacus torrentium*，后一个种有好几个变种。

（3）至少有五六个不同的种。

在确定采纳哪一种观点之前，我们有必要对种和变种的含义有一个明确的概念。

生物学中的种有两种含义：一者基于形态学，一者基于生理学。

从严格的形态学意义上来说，一个种是一类个体的集合，这些个体在所有形态特征上，即两性的构造和发育特征方面，彼此一致，且与其他生物不同。如果某个群体的此类特征总和用 A 代表，而另一个群体的特征总和用 A+n 代表，那么这两个群体就是不同的形态学物种，无论 n 所代表的差异是否重要。

在系统动物学著作中描述的绝大多数物种都只是形态学意义上的种。也就是说，我们获得了某种动物的一个或多个标本，并发现这些标本和任何先前所知物种有一个或多个特征不同，那么这种不同便可以构成新物种定义，而这也是我们对这个种独特之处的真实了解。

但实际上，特定群体是否可算形成，其或多或少是基于对已知变异的相关信息来加以考量的。需要注意的是，子代从来就不是和它们的父母一模一样的，而是和它们有着细微的、易变的差异。因此，当我们以具体一致性划分某个个体所组成的群体时，这其中的意思并不是说这些个体彼此完全一样，而只是说它们之间的差异是如此之小，如此变化不定，所以都在个体差异的可能范围之内。

通过观察，我们还能进一步认识到这样一个事实：有时候，一个物种的个别个体可能表现出不同程度的明显变异，这些变异会传递给该个体的所有后代，甚至在后代中有所强化。这样一来，在种的内部就生出了变种（variety）

或亚种（race）。但这些变种或亚种如果不知其起源的话，那么都可以称其为一个单独的形态学意义上的种。然而，一个亚种的独有特征很少能在其所有成员身上得到同样明显的体现。假设种 A 中分出了亚种 A+x，那么某些个体身上的差异 x 就会比其他个体的小得多，以至于如果我们手头上有大量标本，那么 A+x 和 A 之间的差距会被一系列的形态表征所填补，这些表征中体现的差异 x 呈逐渐减小之势。

最后，还有个值得关注的问题，那就是某一物种所生活的物理环境的变化有利于发展形成变种和亚种。

因此，如果有两个标本，特征分别是 A 和 A+n，虽然乍一眼看来它们是两个不同的种，但如果随后有大量标本显示，A 和 A+n 之间其实有多个形态，这些形态的差别 n 呈递减势头，那么我们得出的结论就是 A 和 A+n 只是同一个种内的不同亚种，而不是单独的种。如果 A 和 A+n 这两个物种所占据的是同一地理区域的不同栖息地，那么这个结论会更具说服力。

即使在 A 和 A+n 之间不存在过渡形态，如果这个 n 只是无关紧要的小差异，比如平均尺寸、颜色或纹路略有不同，那我们也会认为 A 和 A+n 不过是变种关系。因为当前经验表明，导致这类不同的变异可能来得相当突然，或者中间形态可能已经灭绝，于是变异的证据已消失了。

综上所述，我们可以得出结论，形态学意义上的种只是一种临时性的安排，或者可以说只是一种退而求其次的分类策略，其仅仅表达了我们所掌握知识的当前状态而已。

如果我们不知道在两个群体之间有过渡形态，而且我们尚没有理由相信它们之间所表现出来的差异可以通过常规意义的变异产生，那么我们就称这两个群体为两个种。但我们却不能断定，对任何个体所组成的群体特征的深入调查是否可证明，目前被认为是变种的群体其实是独特的形态学意义上的物种；反过来说，它是否可以证明迄今为止被认为是独特形态的物种，只是变种。

至于螯虾，情况是这样的：早期的观察者把所有观察到的西欧螯虾形态都归在一个种——*Astacus fluviatilis* 之下，然后把多少显现出差别的巨石螯虾和贵族螯虾归为这一个种之下的亚种或变种。但后世的动物学家们对螯虾进行了更严谨的对比，并发现石螯虾与一般的贵族螯虾有显著差异，从而推断两者之间并没有过渡形态，于是把前者归入到一个单独的种，并默认两者之间的不同特征并不能由变异产生。

至于进一步的调查会支持这两个假设中的哪一个，目前还不得而知。如果我们对收集自不同地区的大量巨石螯虾和贵族螯虾标本进行仔细查看，会发现这些标本在尺寸和颜色、头胸甲与足肢上瘤状物，以及螯足的绝对和相对尺寸上都会有很大差异。

巨石螯虾最常见的特征如下：

（1）逐渐收窄的尖锥形额剑，侧边脊刺与额剑末端非常接近；两侧脊刺的间距大约相当于从额剑尖端到这些脊刺的距离（图 5-1，A）。

（2）从额剑腹侧边缘生出一两根脊刺。

（3）眼眶后脊的后部逐渐下沉，其表面无脊刺。

（4）尾节后部（图 5-1，G）相对尺寸较大。

与此相反，贵族螯虾的特征如下：

（1）额剑后 2/3 长度的两侧边几乎平行，侧边脊刺位于额剑自其顶端起 1/3 处；两侧脊刺的间距要比从额剑尖端到这些脊刺的距离小得多（图 5-1，B）。

（2）从额剑腹侧边缘未生出脊刺。

（3）眼眶后脊的后部为一个有一定区分度，有时表面多刺的凸起。

（4）尾节后部区段要相对小于前部（图 5-1，H）。

我还可以加上一条，我曾发现贵族螯虾有 3 个未发育鳃，而巨石螯虾的同类鳃从不超过 2 个。

要确定是否真的有某种螯虾，其身体各部特征为上述所定义两种形态的中间过渡型，就有必要对来自各个地区的每种螯虾的大量标本详加审视。这份工作目前在一定程度上已做到了，但还不够彻底。我认为目前可以有把握得出的结论是并未证明有中间形态的存在。但是，无论这两种螯虾之间的差异多么恒久不变，但其无疑称得上微乎其微了。而且不必质疑的是，这种差异若以类推法判断，也可能是由变异造成的。

于是，从形态学的观点来看，真的没办法就巨石螯虾和贵族螯虾究竟是该被视为不同的种还是同一个种的变种这一问题给出确切答案。但是，既然从今以后我们可以方便地给予这两种动物各自的命名，那么我就权且分别称它们为 *Astacus torrentium*（巨石螯虾）和 *Astacus nobilis*（贵族螯虾）吧。[9]

从生理学的意义上说，种首先是指一个动物群体，其成员能够彼此完全结合并繁衍后代，却不能与任何其他非此群体的成员结合；其次，种是指某个或多个原始祖先的所有源自一般生殖过程的后代。

很明显，即使螯虾真有一个名义上的共同祖先，我们也无从得知巨石螯虾和贵族螯虾是同一个祖先的后代，还是不同祖先的后代，所以第二个意义上的种含义我们几乎不必关心。至于第一个意义上的种，也没有证据显示这两种螯虾在一起可以或是不可以生育繁殖。不过，据说在有这两种螯虾共同栖息的水域里，并没有人见到过两者的杂交或杂种，而且石螯虾的繁殖季节比贵族螯虾来得早。

卡尔波尼埃 [10] 是一位大规模螯虾养殖从事者，在我们之前已引用过的著作中，他对这个问题给出了一些颇为有趣的事实。据他说，在法国的溪流中栖息有两种不同的螯虾，分别是红爪螯虾和白爪螯虾，后者生活在更湍急的溪流中。在一片被开辟为螯虾养殖场的区域内，人们在 5 年时间里引进了共计 30 万只红爪螯虾，而且这一区域原先的白爪螯虾自然保有量极大。然而，到 5 年期满时，并没有发现存在某种中间形态，且红爪螯虾的体型要明显大于白爪螯虾。照卡尔波尼埃说的，红爪螯虾几乎要比白爪的大一倍。

总体来说，目前我们所知的事实倾向于得出的结论是巨石螯虾和贵族螯虾为不同的种。以此而论，并未明确辨认出过渡形态，而且这两种螯虾也不会种间杂交。

正如我已说过的，在我所经手过的众多英国和爱尔兰螯虾标本中，全部呈现出 *Astacus torrentium*（巨石螯虾）

的典型特征，而且在众多公认的权威著作中对这一动物的描述也与此相符[11]。在法国的许多地方，甚至南至比利牛斯山脉，东至阿尔萨斯和瑞士的广大地区也能发现同样形态的螯虾。最近，住在马德里的玻利瓦尔博士出于好意，给我送来了许多采集自他所在城市附近的螯虾[12]，这使我确信，西班牙半岛上的螯虾与英国的几乎完全相同，只是额剑下脊刺不那么发达。此外，我也毫不怀疑海勒博士对某种英国螯虾的鉴定是正确的[13]，他用 *Astacus saxatilis* 这个名称来描述这种形态的螯虾。据他说，这种螯虾在南欧特别多见，在希腊、达尔马提亚、切尔索和维格利亚各岛、的里雅斯特、加尔达湖和热那亚都有分布。此外，巨石螯虾在德国北部也有广泛分布。这种螯虾分布范围的东部界限尚不明确，不过据凯斯勒[19]所说，在俄国疆域内并没有发现过其踪迹[20]。

巨石螯虾似乎对水流较湍急的高地溪流以及浑浊的池塘更青睐。

贵族螯虾是法国、德国和意大利半岛的本土物种。据说在尼斯和巴塞罗那也能发现其踪迹，不过，我还没在西班牙其他地方听说过有这种螯虾存在。其分布范围的东南界限应是卡尔尼奥拉的齐尔尼茨湖，距离著名的阿德尔斯堡溶洞并不远。在达尔马提亚、土耳其和希腊都没有发现这种螯虾。据凯斯勒的说法，在俄国境内，这种螯虾主要栖息于波罗的海流域。其分布的北部界限在波斯尼亚湾的克里斯琴斯塔德和拉多加湖北端的塞尔多波尔之间。在拉多加湖以东，可在丝薇尔河的支流乌斯兰卡河发现这种螯虾的踪迹。在从南向北流入芬兰湾和波罗的海的水系中，似乎只有这一种螯虾。除了那些通过人工手段与伏尔加河相连通的河流和湖泊，在后面这些河流湖泊中，贵族螯虾的地位逐步被长臂螯虾（*Astacus leptodactylus*）所取代。其也栖息于贝莱赛湖和波洛戈伊湖，以及姆斯塔河和沃尔霍夫河的支流中；在第聂伯河的支流中也可见其踪迹，最远可达莫吉廖夫。在丹麦和瑞典南部也有贵族螯虾分布，不过后者国内的螯虾是人工引入的。据说，这种螯虾偶尔也会出现在波罗的海近海的利沃尼亚海岸，但需要指出的是，这一水域的含盐量要比普通海水低得多。

据观察，这两种螯虾（巨石螯虾和贵族螯虾）在中欧大部分地区混杂分布，不过巨石螯虾在西北、西南和东南方的分布范围更大，是英国的唯一螯虾种，在西班牙和希腊的大部分地区也是如此。另一方面，在中欧的北部和东部地区，贵族螯虾貌似是唯一螯虾种。

再往东去，一种新的螯虾形态，长臂螯虾（*Astacus leptodactylus*）（图 6-1）开始出现了。长臂螯虾是否存在于多瑙河上游水域尚不清楚，但在多瑙河下游和泰丝河，它即使不是唯一的螯虾种，也是处于主导地位的。从此处开始，其分布范围遍及所有流入黑海、亚速海和里海的河流，从西边的比萨拉比亚和波多利亚直至东边的乌拉尔山脉。实际上，这种螯虾的自然栖息地应是里海黑海地区水系，不过，不包括高加索山脉以南黑海地区，以及多瑙河口。[14]

值得注意的情况是，这种螯虾不仅在流入黑海和亚速海的河流河口的含盐水体中栖息，而且在里海南部盐分更高的水体中也有生存迹象，在这种水体中螯虾栖息在相当深度的水域。

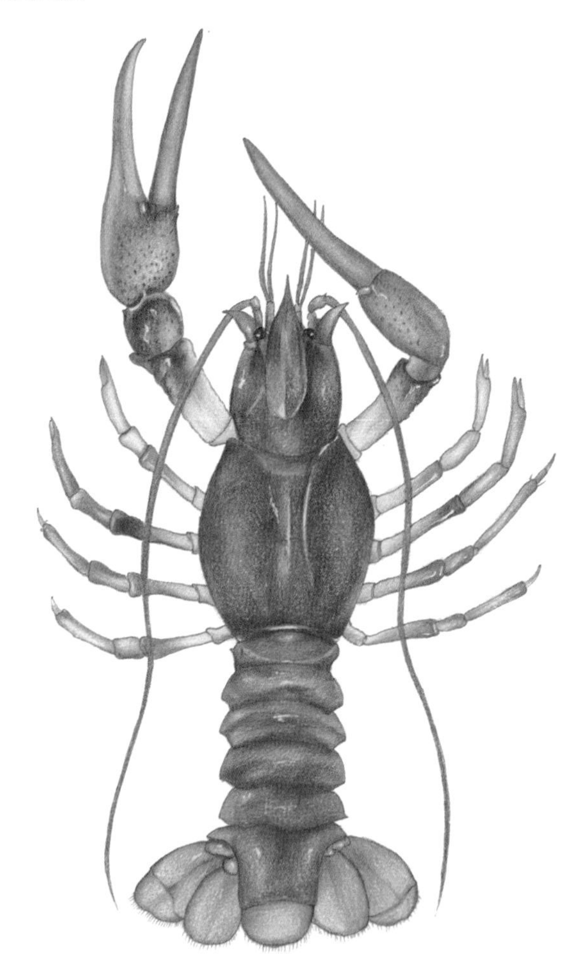

图 6-1　长臂螯虾（*Astacus leptodactylus*）

在北面，流入白海的河流以及芬兰湾附近的许多溪流湖泊中都有长臂螯虾存在。不过，可能是由运河引入到这些河流中的，这些运河连接了伏尔加河流域和流入波罗的海和白海的河流。在后两个流域中，入侵的长臂螯虾在与贵族螯虾的生存竞争中已占据上风，并开始将后者驱逐出这一地区，这显然是由于长臂螯虾的繁殖速度更快。[15]

在里海和德涅斯特河及布格河河口的含盐水体中，生活着另一种略有不同的螯虾，称为里海螯虾（*Astacus pachypus*）。在克里米亚与高加索北部山区的溪流中，还有一种形态与此极为类似的螯虾，称为角螯虾（*Astacus angulosus*）。最近，在流入黑海最东端的李奥尼河或古法希斯河中又发现了第三种形态柯尔芝克螯虾（*Astacus colchicus*）。

要回答这些里海地区螯虾是否为彼此独立物种，以及分布最广泛的长臂螯虾是否与贵族螯虾是独立物种之类的问题，在这里所遭遇的困境就和我们在西欧螯虾的情况中遇到的相同。格斯坦菲尔特曾获得机会查看大量螯虾标本。他认为里海黑海地区螯虾和贵族螯虾都是同一种内的变种。和他的意见相反，凯斯勒虽然承认角螯虾确实是长臂螯虾的变种，里海螯虾可能也是，但他坚持认为柯尔芝克螯虾是不同于贵族螯虾的独有种。

毫无疑问，有明显特征例证表明长臂螯虾和贵族螯虾大不相同。

（1）长臂螯虾额剑边缘凸出有五六尖锐脊刺，而并非贵族螯虾那样呈平坦或些许锯齿状。

（2）长臂螯虾额剑的前部并没有锯齿状多刺龙骨中脊，而这个结构在贵族螯虾中十分普遍。

（3）长臂螯虾眼眶后脊的后末端相比贵族螯虾，有更明显刺状凸起。

（4）长臂螯虾螯虾的腹部侧板更窄，侧边更平，呈三角形。

（5）前者螯足大螯更长，雄性螯虾尤其如此。其活动钳爪和固定钳爪更纤细，爪钳的相对缘更平直，疣粒较少。

不过在所有这些方面，贵族螯虾的个体标本会不同程度地倾向于长臂螯虾的特征，反之亦然。但如果角螯虾和里海螯虾是长臂螯虾的变种，我就实在不明白为什么格斯坦菲尔特关于贵族螯虾是相同形态螯虾的另一变种的结论，需要从形态学角度加以质疑。不过，凯斯勒断言，在长臂螯虾和贵族螯虾共存的地区，并没有发现中间形态，这可推定出两者并不进行繁殖混种。

在亚洲北部流域河流中，比如奥比河、叶尼塞河和勒拿河中，并无螯虾栖息。在咸海或流入这一巨大湖泊的乌许斯河或锡尔河中，以及巴尔喀什湖和贝加尔湖中均不见螯虾踪影。[16] 如果进一步的探索证实了这一事实，也是需要值得注意的。在阿穆尔河流域，人们发现了至少两种螯虾[17]，这条河流流经亚洲东北部大片地区，然后在大致相当于约克郡的维度注入鞑靼海峡。

日本有一个螯虾种——日本螯虾（*Astacus japonicus*），也许还有更多种。但在东亚的阿穆尔以南地区尚未发现任何螯虾。在印度斯坦，波斯、阿拉伯和叙利亚尚无螯虾踪迹。在小亚细亚，唯一发现过螯虾的地区就是里翁。在整个非洲大陆上目前尚未发现螯虾存在。[18]

因此，在旧大陆上，螯虾的分布被限制在一个区域内，该区域的南部界限与某些显著地理特征相吻合。在西部，分界线沿地中海至黑海一线分布；然后东部是高加索山脉，亚洲大高原，最远可至朝鲜半岛；在北部，虽然并没有类似的物理边界，不过西伯利亚河流流域内似乎完全没有螯虾出没；在东部和西部，虽然有海洋阻隔，但螯虾却跨越了这道屏障，登陆英伦诸岛和日本列岛。

穿过太平洋，我们可以在不列颠哥伦比亚省、俄勒冈和加利福尼亚发现至少五六种螯虾[19]，尽管与旧大陆的螯虾不同，但它们仍归在正螯虾属（*Astacus*）之下。越过落基山脉后，从五大湖到危地马拉的广大区域内，螯虾的足迹比比皆是，人们发现的螯虾品种多达 32 个，但这些螯虾均归于螯虾属（*Cambarus*）（图 5–3）。这一属的物种也出现在古巴[20]，西印度洋其他区域尚未发现过其踪迹。哈根博士描述了雄性螯虾属物种中存在的奇异二态现象。另外，在肯塔基的地下洞穴中，还发现了一种盲螯虾。与其一起发现的还有其他一些失去视觉的动物。

所有北半球的螯虾均属于正螯虾科（*Potamobiidae*），该科下的物种在赤道以南并不存在。南半球的螯虾实际上都归入了拟螯虾科（*Parastacidae*）。若论这一科的形态变化之多寡、种群规模之大小，则澳大利亚无疑独占鳌头。一些澳大利亚螯虾（图 6–2）的长度达到 30 厘米甚至更长，大小接近成年龙虾。塔斯马尼亚的穴螯虾属（*Engaeus*）中包含的是体型较小的螯虾，它们和部分螯虾属的一样，习惯生活于陆地上的地洞中。

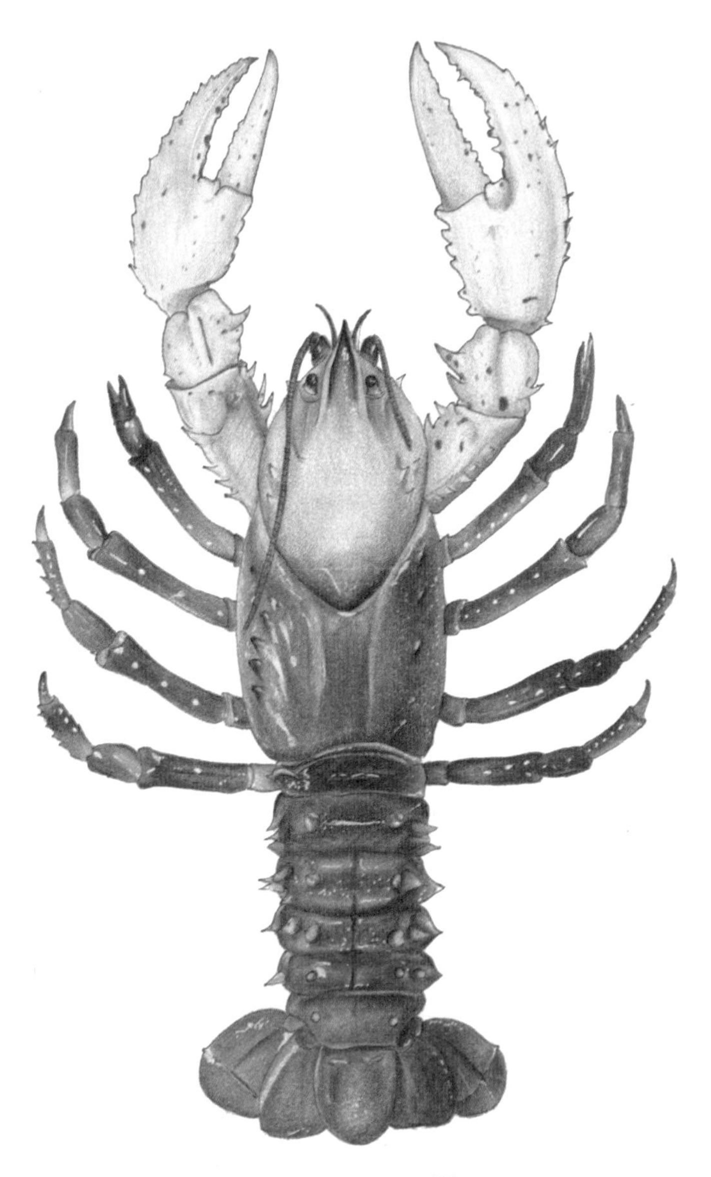

图 6-2　澳洲螯虾[78]

新西兰有一种独特的螯虾属，即新西兰淡水螯虾属（*Paranephrops*），可以在斐济群岛发现它们的身影，但在波利尼西亚群岛的其他岛屿上就见不到了。

马汀博士[21]描述了在巴西南部捕获的两种螯虾，分别为马努斯螯虾（*Astacus pilimanus*）和巴西螯虾（*Astacus brasiliensis*）。我之前已说过它们属于单独的拟螯虾属（*Parastacus*）。前者采集自阿雷格里港，这个港口位于南纬 30°，毗邻雅库伊河口，帕图斯大当潟湖北端。该潟湖通过一狭窄通路与大海相连。另外，在属于雅库伊河支流的里约帕尔多河上游地区的圣克鲁兹也可获取，获取方法是“从地上的洞穴中挖出来”。后者（*Astacus brasiliensis*）[22]（图 5-4）则获取自阿雷格里港和更远的内陆地区，罗德斯堡原始森林地区的浅溪中。

除此以外，在南美其他大河，比如奥里诺科河，还有阿加西专门搜寻过的亚马孙河，或者位于安第斯山脉以东的拉普拉塔河中，并未发现螯虾踪迹。不过，在《甲壳类博物志》（*Histoire Naturelle des Crustacées*）一书中，描述过一种智利螯虾（*Astacus chilensis*）。书中称这种螯虾“生活在智利海岸”，无疑这可以理解为智利海岸的淡水水体。

最后，马达加斯加还有一个特有的螯虾种属——马岛螯虾（*Astacoides madagascariensis*）（图 5-5）。

如果我们把螯虾的地理分布研究结果与其形态特征研究结果进行比较，就会发现两者之间存在着广泛而普遍的对应关系。地球表面广阔的赤道带把北半球的螯虾与南半球的划分开来，这也是在螯虾科和拟螯虾科之间显著形态学差异区分在地理学方面的呈现。这两个群体分别占据了地球表面的特定区域，两个区域之间被广阔的无螯虾栖息的中间地带分开。

当我们考察每个属以及种的分布时，发现其也会呈现类似对应关系，只是没有上述情况那么明显。因此，正螯虾科中，巨石螯虾和贵族螯虾基本分布于中欧高原的北部、西部和南部水系，隶属这些水系的溪流分别流入波罗的海、北海、大西洋和地中海；长臂螯虾、里海螯虾、角螯虾和柯尔芝克螯虾则属于里海黑海水系，该水系中的河流通入黑海和里海；至于东北螯虾和史氏螯虾则仅限于阿穆尔河流域，其最终流入太平洋。在北美，正螯虾属生活在其西部河流，这些河流流入太平洋，而螯虾属则活动于东部河流，其流入大西洋，落基山脉作为物理屏障横亘两者之间。最后说到拟螯虾科，其地理分布区域较为分散，在新西兰、澳大利亚、马达加斯加和南美分别分布有各自独有的种群。

但是，当我们更细致地审视这一问题，会发现地理学事实和形态学事实之间的契合并非严丝合缝。

正如我们所见，在英伦诸岛和欧洲大陆都有巨石螯虾分布，我们完全有理由相信，20 海里的洋面对想要迁徙的螯虾而言是不可逾越的鸿沟。因为尽管部分螯虾可生活在微咸水体中，但没有证据显示现有螯虾种能够在海中生存。在欧亚大陆另一端，我们也会遇到类似情形，虽然目前并不清楚在日本海两侧是否有同一螯虾种，但日本螯虾和阿穆尔地区的螯虾其实非常相似。

另一个状况更值得注意。美洲西部螯虾和里海黑海水系螯虾之间的差别，并不比前者和巨石螯虾的差别大多少。因此，从表面上看，人们可能会认为，在地理位置上处于两者之间的阿穆尔和日本地区的螯虾在形态上也是里海黑海螯虾和美洲西部螯虾之间的中间体。但事实并非如此。阿穆尔螯虾的鳃系和其余正螯虾属螯虾相同。雄性螯虾的第二、第三对步足的第三节（坐肢节）有圆锥形内弯钩状凸起；而雌性螯虾胸部倒数第二腹板后缘呈横向隆起状，在隆起的后表面上还有凹陷。[23]

阿穆尔螯虾和日本螯虾的这两个特征，尤其是前一个，都和里海黑海和北美洲西部的正螯虾属不同，反而接近北美洲东部的螯虾属物种。

事实上，北美东部雄性螯虾的一两对足也呈类似钩状凸起，雌性螯虾胸部倒数第二腹板的改变更明显，以至于产生了哈根博士所描述的“环形腹面”结构。

所有螯虾属的物种，其侧鳃发育似乎都被完全抑制，最后方的足鳃没有叶状部；小室区通常极窄。阿穆尔螯虾小室区的比例大小还没有相关记载，根据德哈恩[24]提供的图像，可认为日本螯虾小室区大小与西欧正螯虾属的大致相同。另外，美洲西部螯虾的小室区明显更小，就这一点来看，其可能更接近于螯虾属。不幸的是，对阿穆尔螯虾鳃的状况我们一无所知。根据德哈恩所说，日本种螯虾的鳃和西欧正螯虾属类似，就和美洲西部螯虾的情况一样。

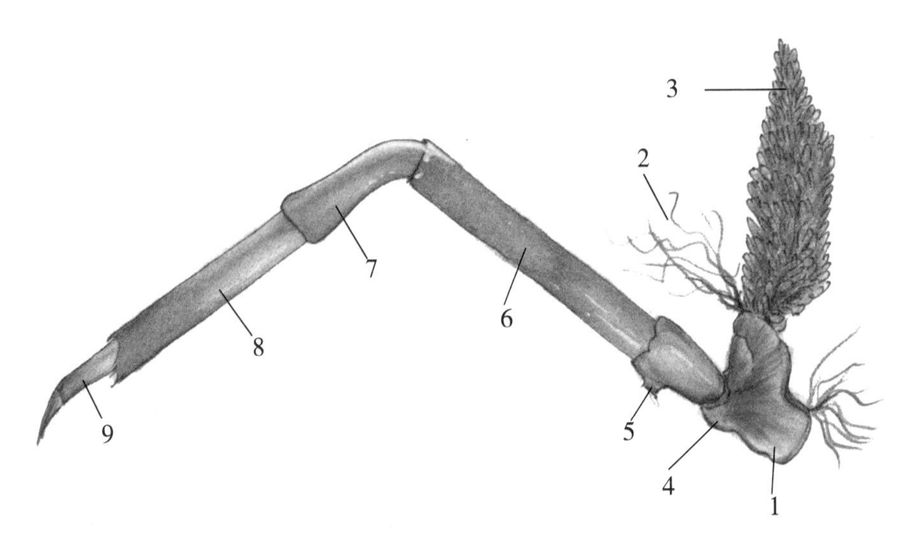

图 6-3 螯虾倒数第二足肢

1. 底节；2. 底节刚毛；3. 足鳃；4. 基节；5. 坐肢节；6. 股肢节；7. 胫肢节；8. 跗肢节；9. 趾肢节。

至于拟螯虾科，从极长且平坦的口上板这一特征来看，澳大利亚、马达加斯加和南美的螯虾彼此都类似。不过，马达加斯加属螯虾的短额剑（图 5-5）和鳃系的极端变化都是其独有特征，这一点我在其他作品中有所描述。

新西兰和斐济的淡水螯虾属具有宽且短的口上板，较长的额剑，以及较大触角鳞，它们与澳大利亚螯虾的形态差异要比其地理位置上的差异大多了。另一方面，考虑新西兰和斐济之间也隔有浩瀚大洋，这两个种的相似度也让人颇费思量。

如果我们把螯虾的分布和陆生动物的总体分布加以比较，就会发现两者的差异点和相似点一样明显。

相似点方面，正螯虾科的分布区域大致与哺乳类及鸟类分布的大北界中的古北界和新北界相重合；其他单独种群螯虾对应分布于哺乳类及鸟类分布大小不一的各个主分布区，如新热带界、澳洲界和新西兰界。马达加斯加螯的特殊性也和该岛其他特色鲜明的动物群相呼应。

与动物区系中的新北界相比，北美螯虾的分布范围向南延伸更多。在非洲，旧大陆其余地区以及亚洲大高原以南并无任何螯虾分布，这与动物区系中北界其余地方与北非及印度动物群的基本相似性有很大不同。此外，在新西兰、澳大利亚和南美的螯虾之间没有太大差异，就像这些区域的哺乳类和鸟类也大致相似一样。

因此，可以得出这样的结论：决定螯虾分布的条件与决定哺乳类和鸟类分布的条件大不相同。但如果我们不用一般陆生动物的分布和螯虾分布对比，而是用淡水鱼类的分布与后者对比，就会明显看出一些非常有意思的近似点。鲑科（*Salmonidae*），也就是鲑鱼和鳟鱼类，其中少数完全为海水鱼，多数为淡水、海水两栖，其余则为完全淡水鱼。这一科动物分布于北半球，其分布方式类似于正螯虾科[25]，只是尚未扩展到新大陆南部，而在旧大陆上的分布范围则延伸得更远一点，可远至阿尔及利亚、小亚细亚北部以及亚美尼亚。除了生活于新西兰的后鳍鲑属（*Retropinna*），在赤道以南没有真正的鲑科鱼分布。不过，正如甘瑟博士[26]所指出的，有两种淡水鱼类，即绚鲑科（*Haplochitonidae*）和南乳鱼科（*Galaxidae*），这两者与鲑科的关系就类似于拟螯虾科和正螯虾科的关系，它们取代了鲑科，生活在新西兰、澳大利亚和南美的淡水水系中。在火地岛，有两种绚鲑鱼类；在南澳大利亚和新西兰分别有一种与其非常近似的南茴鱼属（*Prototroctes*）鱼类；在南乳鱼科方面，新西兰、塔斯马尼亚岛、福克兰群岛和秘鲁的溪流中均有同一种瘦长南乳鱼（*Galaxias attennuatus*）分布。

这些鱼类也和螯虾一样，在南非地区没有分布。我不知道在马达加斯加是不是发现过其任何群体，到此这两个物种的对比也告一段落。

动物软组织在化石状态下能否保存依赖于极其罕见的有利条件；而就甲壳类而言，很难指望像其腹部附属器这样较小的硬质组件能够以完好状态保存。但是，如果不依靠鳃部器官和腹部其余附属器，要辨别出某种甲壳类是归属螯虾还是螯龙虾群体，是极为困难的。当然，如果伴生化石表明这些残骸所处的沉积层为淡水成因，那么对它们属于螯虾类的推测就比较强有力了。但是，如果这些伴生生物为海生的，那么探讨其中的某个甲壳类到底是海生螯虾还是真螯龙虾就很难讲了。

迄今为止，我们只在晚第三纪[27]的淡水形成地层中发现过确凿的螯虾的化石。在北美的爱达荷地区，科普教授[28]发现了与乳齿象（*Mastodon mirificus*）和马类（*Equus excelsus*）化石相伴的多种螯虾[29]。他认为，这些螯虾与现有美洲螯虾均不同，但不确定其归于螯虾属还是正螯虾属。不过在威斯特伐利亚州奥特鲁普的下白垩层，自然是海洋沉积层中，冯·德马克和施吕特尔[30]获得了一个不算太完整的甲壳类标本[31]。他们将其命名为光滑螯虾（*Astacus politus*）。令人费解的是，这个标本有只在正螯虾属身上才会出现的分段尾节。如果我们能更进一步了解这个有趣的化石，那真是求之不得。目前而言，这个化石带来一个有力的假设，即早在早白垩世[32]就已存在海生的正螯虾类了。

上述这些就是形态学、生理学和分布学方面的重要事实，其构成了我们目前对螯虾生物学现有知识的总和。这个知识体系并不完善，尤其是形态学和分布间的关系还多有商榷，而当我们开始致力于探讨生物学的终极问题，即为什么存在这种构造和运动能力，并有这种分布状况的动物？而知识的不完善就成了一个严重拖我们后腿的阻碍。

如果试图解决这个问题，似乎很难脱离两种基本假设：要么我们就在排除一般自然进程作用的前提下寻求螯虾起源，这种做法通常被称为“神创论”；要么我们就必须根据一般自然进程所提供的条件来寻找其起源，这就需要去假设某种形式的“进化论”。后一种假设也有两种不同形式：一方面，我们可以假设螯虾的存在独立于任何其他生物形态，这就是生物的所谓自发或非生物起源假说，或称为自然发生说（abiogenesis）；另一方面，我们也可以假设螯虾是由某种其他生物形态变化而来，借用一个法语词汇，我们称这一假说为种变说（transformism）。

我认为，任何螯虾起源相关的假设，要么可归于这两种假说之一，要么就是这两者的组合。

关于神创论，我们实在无须多言。从科学的角度来看，相信这种假设就相当于承认这个问题无法解决。此外，某个给定事物是由神所创造的这个命题无论真假，都是无法证实的。其命题性质决定了我们无法获得相关事实的直接证据。唯一的间接证据就是获得足够多的证据，证明自然机制不足以促成我们所探讨事物的存在。但这样的证据实在非我们所能及。我们最多也就能证明，已知的自然原因中，并没有哪一种因素能产生这一特定结果。但是，如果我们把自己所显示的无知与自然原因的无效混为一谈，那就显然是大错特错了。不管怎么说，神创论假说不仅在哲学角度上并无意义，而且讨论一种无人支持的观点也纯属浪费时间。除非我错得离谱，否则我可以说当今时代，没有哪个拥有充分知识储备，并能由此得出独立主张的人会坚持认为，各个不同种螯虾的祖先是从无机物中凭空产生的，或是因为某个神谕便无中生有的。

因此，我们唯一的寄托就是进化论假说。关于自然发生学说，从收益性的角度来看，除非有哪怕最微小的证据能证明螯虾可以通过自然机制从非生命物质中直接演化而来，否则目前还是不多加讨论为好。

这样，种变假说就是唯一还在场上的选手了，那么唯一值得探究的问题就是，如果假设所有现存的螯虾都是其他生物变化而来的产物，并假设它们所显示出的生物学现象是在过去漫长时间中两种因素（一种是生物的形态学改变和随之产生的生理学改变，另一种是地球表面环境状况的改变）相互交织作用的结果，那么目前我们所掌握的事实在多大程度上可以得到合理解释。

如果我们把英国的巨石螯虾有着独立于欧洲大陆巨石螯虾的起源，这个不值一辩的假设暂且搁置一旁，那么随之而来的结论就是两种可能：要么这种螯虾以自愿或非自愿迁徙方式横渡了大海，要么这种螯虾在英吉利海峡形成之前，英伦诸岛与欧洲大陆仍连接在一起的时候就存在了。目前，英国螯虾与欧洲大陆同种螯虾的分隔是因为西欧自然地理状况的改变，对这一点，已有大量证据表明英伦诸岛是从欧洲大陆分离出来的。

没有证据表明大不列颠岛上的螯虾是人为引进的。但从螯虾的生活方式以及母虾抱卵方式来看，想通过鸟类或浮木实现迁徙也是不可能的。此外，尽管据说贵族螯虾有时会大胆进入芬兰湾的含盐水体中，长臂螯虾可生活在含有一定盐分的里海水域中，但我们没理由认为巨石螯虾能够在海水中生存，更不要说穿越隔开英国与欧洲大陆的海峡了，要知道这海峡最窄的地方也有几英里呢。英吉利海峡两岸同样螯虾的存在只是一个更普遍事实的缩影而已，这个事实就是，不列颠诸岛上的动物群与大陆的其实基本相同。那么，既然英国的狐狸、獾和鼹鼠既不是自己游过来的，也不是有人运过来的，而是在不列颠与西欧仍相连的时候就存在于这一地区，随后又因为海洋的插入而孤立于岛上的，那么我们应该也能确信巨石螯虾是因为相同进程而存在于此的。

那么，如果我们综合考虑以下几点：贵族螯虾出现在了原先一大片由巨石螯虾所占据的区域中。贵族螯虾在英国和希腊并不见踪迹。贵族螯虾和长臂螯虾间的亲缘性要比贵族螯虾和巨石螯虾之间更近。那就可以推断巨石螯虾其实是整个西欧地区在黑海、里海区域以外的原始栖息物种，而贵族螯虾是来自黑海里海水域或长臂螯虾属分支的入侵物种，并在中欧经历了一系列水系辗转后进入西欧的河流中，就好像长臂螯虾也进入了俄国波罗的海地区的河流中一样。

赛多利斯·冯·瓦尔特斯豪森[33]对中欧冰川时代的研究[34]，让他得出一个结论：在以前某时期，阿尔卑斯山的冰川范围比现在要广大得多，当时大量淡水河从多瑙河谷延伸到了罗纳河谷，绕过了阿尔卑斯山脉的陡峭北坡，将多瑙河源头和莱茵河、罗纳河以及意大利北部河流源头连接了起来。既然多瑙河流入黑海，而且黑海曾经和咸海—里海水域相连，这样就形成了一个水路通道，让螯虾得以从咸海—里海地区轻松进入到西欧地区。如果螯虾是通过这一途径扩散的，那巨石螯虾就代表第一波西迁浪潮，贵族螯虾则是第二波，至于长臂螯虾及其变种则仍是原先咸海—里海螯虾的代表物种。如此一来，螯虾的迁徙可以说和伊比利亚人、雅利安人及蒙古人的西迁路径基本吻合了。

如果我们假设欧亚大陆西部的螯虾是最初咸海里海螯虾的单一变种，那么就能很容易理解为什么它们的南部分布界限止于地中海和亚洲大高原了。

西伯利亚北部的极端严寒气候条件应该就是在该地区河流，如奥比河、叶尼塞河和勒拿河，以及贝加尔湖中没有螯虾（如果真的没有）的原因所在，贝加尔湖在海平面450米以上，且从11月到次年5月皆冰冻。而且毫无疑问，在离现在相对较近的一段时期内，从波罗的海到勒拿河口的整个地区都淹没在水下，当时北冰洋向南一直延伸到咸海—里海一带和贝加尔湖，向西则延伸至芬兰湾。

在这一界限上间隔分布的大湖和内陆海东起贝加尔湖，西至瑞典温纳湖，这些湖泊之所以彼此分隔，部分原因是古代海底的隆起，另一部分则由于蒸发作用。因周围地表排水的注入使其最终成为淡水湖。但这些湖泊中所栖息的生物种群最初是和北冰洋一样的，其中现在还残留的一些海洋甲壳类、软体类、鱼类以及海豹，就是曾经发生过的巨大地质变动的活证据。我们还将看到，同样的地质进程不但把北冰洋的糠虾（*Mysis*）隔离到了瑞典和芬兰的湖泊中，也一样把其他北极海洋甲壳类，比如钩虾属（*Gammarus*）和盖鳃水虱属（*Idothea*）的物种送入了同样的环境。在贝加尔湖中也“囚禁”了同一种钩虾，和它一道的还有北极海豹。

美国螯虾的分布情况与其祖先起源于北方的假说是相符的。即使是在现有地理条件下，密西西比河的一条支流圣彼得河也会在雨季直接汇入红河，而后者流入温尼伯湖。这是一长串彼此交汇的湖泊和溪流水系的最南端，其又地处北美大陆南北水系的低平分水线。这一水系最北端的大奴湖又经马更些河汇入北冰洋。这就提供了一条水道，让螯虾可以从北美北部散布到落基山脉以东的所有北美地区。

所谓落基山脉，实际上只是一个广阔的高地，其边缘分别有两条主要的隆起山脉。在白垩纪[35]，这个高地本身就像一个巨大的南北向洼地，形成一个内海，其北部及南部末端与大洋相连通。自这一地质纪以后，这个内海被逐渐填平，因此其如今包含从白垩纪到上新世[36]所有年代的极厚沉积层。这些沉积层最初为海洋沉积，后逐渐过渡并最终成为完全的淡水沉积。在第三纪期间，这一地区散布着许多大湖，更靠北位置的湖则汇入北海。爱达荷出土的化石已证明，第三纪后期，螯虾已存在于落基山脉附近地区。因此也就不难理解那些如今流入太平洋的河流中为什么会有螯虾了。

阿穆尔地区螯虾和日本螯虾所呈现的相似性，以及英国螯虾与欧洲大陆巨石螯虾的同一性如出一辙，也可以用类似方式加以解释。因为毫无疑问，亚洲大陆原先要比现在向东延伸得更远，并包含如今的日本列岛。不过，即使考虑到地理条件发生的这种变化，也很难看出螯虾最初是怎么进入到阿穆尔—日本淡水水系中的。因为亚洲高地的东北方向的延伸，向北直到斯塔诺夫山脉，其在西边封住了阿穆尔河盆地，而阿穆尔河最终汇入鄂霍茨克海，日本列岛的海岸所对的是太平洋。

不过，目前有很多证据可以得出这样的结论：在第三纪后期，东亚和北美是相联的，如今千岛群岛和阿留申群岛的岛链可能是当时一大片陆地被淹没后的残留。这种情况下，鄂霍茨克海和白令海的位置原先可能是一片内陆水域，其将阿穆尔河河口与北冰洋直接连通，就像现在黑海首先通过多瑙河流域和地中海连通，再通过地中海与西大西洋贯通一样；而且和之前一样，其还为自南边到如今汇入伏尔加河的广大区域打开了通道。当黑海和咸海—里海水系交汇，并向北流入北冰洋，这个时候欧洲东部边界便分布有一连串的大型内陆水域，如果亚洲东部边界目前的海岸拔高，也会是类似情形。

不过，如果假设正螯虾科的祖先是从北部进入到它们如今所在的河流流域，那么认为在如今西伯利亚和北冰洋地区的一大片区域曾出现过淡水水系的假说就站不住脚了，事实上，这一假设对我们当前的立论目的也是完全没有必要的。

绝大多数的有眼柄甲壳类现在是，且向来都是完全的海洋动物。它们当中，只有螯虾、匙指虾科（*Atyidae*）和河蟹（蟹科，*Thelphusidae*）等少数几大类是习惯生活于淡水中的。不过，即使在对虾属这样多数种均为完全海生的情况下，也有像巴西对虾（*Penaeus brasiliensis*）这样会长距离逆河而上的情形出现。不过无疑也有一些情况下，海生甲壳类的后代逐步适应了淡水条件，并同时发生了一定程度的改变，以至于它们和那些始终生活在海中的后代不再完全相同了。[37]

在北欧挪威、瑞典和芬兰的诸多湖泊以及拉多加湖中，还有在北美的苏必利尔湖和密西根湖中，生活着一种小型甲壳类——糠虾（*Mysis relicta*）。其数量极多，为生存在这些湖中的淡水鱼提供了大量的食物。这种糠虾和如今生活在北冰洋的另一种糠虾（*Mysis oculata*）几乎无从分辨，其无疑属于后一种糠虾的一个极小幅度的变种。

以挪威和瑞典的湖泊为例，有独立证据显示这些湖泊曾经和波罗的海相连通，它们实际上曾是峡湾和内海。这些峡湾与大海的通路被逐渐隔断，于是其包含的海洋生物也就被困在了形成的湖泊中。随着周围陆地排水的灌入，湖泊中的水体也逐渐从咸转淡。这个过程中，只有那些能够经受环境改变的物种才能存活下来。这些生物中就有一种糠虾（*Mysis oculata*），在这个过程中略有变异，变为如今的 *Mysis relicta*。至于这个解释是否适用于苏必利尔湖和密西根湖；抑或是否 *Mysis oculata* 种的糠虾并非通过这些如今已不存在的与北冰洋连通的水道进入到众多淡水水系中，这些问题就不那么重要了。事实就是，*Mysis relicta* 最初是一种海洋生物，而如今已完全适应了淡水环境。

在英国的海洋中，盛产多种长臂虾（*Palaemon*）。在北美海岸、地中海、南大西洋和印度洋，甚至南至新西兰的太平洋海域，都发现了其他海生长臂虾的踪迹。但这一长臂虾属的物种也可以在完全淡水环境中找到，比如在伊利湖、佛罗里达州的河流、俄亥俄河、墨西哥湾河流、西印度群岛和南美东部，甚至远至巴西南部，南美西部智利和哥斯达黎加等地的河流、尼罗河内陆地区、西非、纳塔尔、约翰纳岛、毛里求斯、波本岛、恒河、摩鹿加群岛和菲律宾群岛，以及其他地方，都能发现其踪迹。

这些河虾和海虾种相比，不仅体型更大（有一些长度达到 12 英寸或以上），而且第五对胸部附属器发育更巨大。这对足肢始终要比细长的第四对附属器（对应于螯虾的螯足）更大。尤其是雄性的这对足肢又长又粗，末端有大螯，和螯虾的没什么不同。因此，这些河虾（有些地方叫“鲜虾”）经常会和真正的螯虾相混淆。不过，只要看清在最大的螯足状足肢后面只有 3 对普通足肢，就可以很轻易地把它们和正螯虾科的物种相区分。

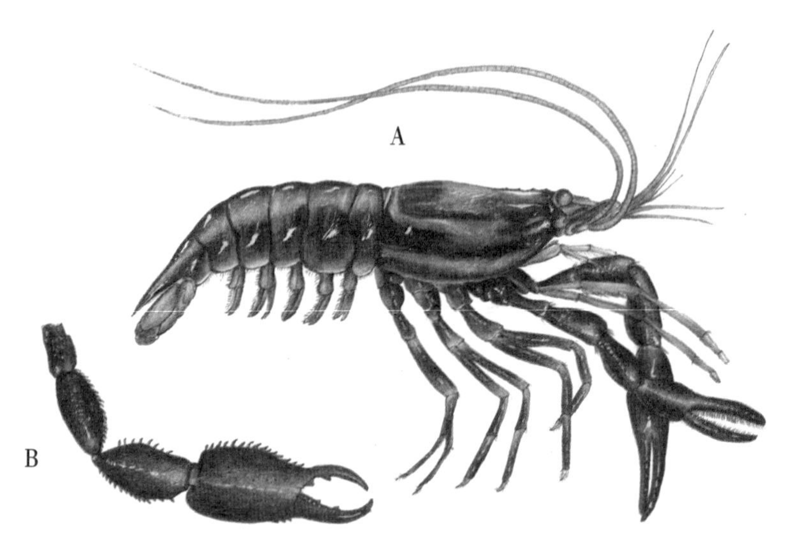

图 6-4 牙买加长臂虾（*Palaemon jamaicensis*）

A. 雌性螯虾；B. 雄性螯虾第五对胸部附属器。

这些有大钳的长臂虾中，有一些种生活在墨西哥湾潟湖的含盐水体中。不过，我并没听说过这种虾可以在海里存活。湖沼长臂虾（*Palaemon lacustris*）在帕多瓦到威尼斯之间的淡水水道和运河，加尔达湖以及达尔马提亚的溪流中数量众多。不过，虽有人声称在亚得里亚海和地中海中曾发现其存在，但这种说法值得怀疑。尼罗河长臂虾虽然和一些地中海长臂虾非常相似，但似乎并不与任何目前已知物种完全一致。[38]

我们可以把这些情况和糠虾的例子相类比，并假设河生长臂虾是最初在海洋中生活的同族物种发生适应性改变后形成的。

不过，如果现有的海生长臂虾灭绝了，或者在生存竞争中败下阵来，那么我们就只能在那些散布世界各地的孤立河流流域中发现各种淡水长臂虾了[39]。而且其所栖息的区域则会因为陆地的隆起或其他自然地理变化而扩大或缩小。事实上，在这种情况下，淡水长臂虾自己也可能经历较大改变，以至于即使它们的海生祖先在海洋中的后代在构造和习性上维持不变，两者之间的关系也已经不那么明显了。

这些状况给了我一个思考的方向，也就是我们必须为螯虾的起源及其当前分布找出一个合理的解释。

我毫不怀疑就像糠虾科（*Mysidae*）的大多数物种以及许多虾类一样，螯虾也是从生活在海洋中的祖先演化而来的。这些始祖螯虾中，有一些就像糠虾或巴西对虾一样，很容易就适应了淡水条件，并溯河而上，在湖泊中定居。这些淡水种经历或多或少的改变后就形成了现存的各种螯虾，而其原始种可能已经消失。至少目前，我们还没发现过带有正螯虾科物种特征的海洋甲壳类。

既然我们在北美晚第三纪地层中发现过螯虾化石，那么把海生螯虾的存在年代至少回溯到中新世[40]应该没什么问题。我倾向于认为，在晚第三纪和中生代[41]早期，螯虾这种甲壳类不仅具有和长臂虾以及对虾一样的广泛分布，而且还分为了两个群体：一个位于北半球，具备正螯虾科物种的一般特征；另一个位于南半球，具备拟螯虾科物种的一般特征。

始祖正螯虾形态和现有的任何正螯虾科物种相比，所呈现的特征可能不那么明显。可能其 4 个侧鳃均发育完全；足鳃的叶状部更小，尚未从鳃轴中分化；第一、第二腹部附属器的特化程度较低；尾节的分段也不那么明显。既然这一物种的正螯虾特征不明显，必定接近螯龙虾属和海螯虾属所起源的共同形态。需要指出，这些种类也仅限于北半球。

正螯虾属和螯虾属广泛的分布范围和彼此很接近的亲缘性，让我觉得有必要做出以下假设，即它们均源自某种已特化的正螯虾科形态。而且我先前说过，有理由相信这种始祖正螯虾生存于第三纪中新世北半球大陆以北的海洋中。

在赤道以南的海生始祖螯虾身上，鳃器似乎变化较少，而腹部第一附属器在雌雄两性身上的发育均被抑制，这和龙虾科情况类似，后一个科的大部分物种也位于南半球。这些始祖螯虾可能在新西兰、澳大利亚、马达加斯加和南美等地溯河而上，并演化为了淡水拟螯虾科。通过对淡水河虾的类比，使得这一假设具备一定合理性。不过，在南太平洋和大西洋中是否还有海生拟螯虾科残存，或它们已灭绝，这个问题还有待观察。

如果某个结果是数个共同作用的因素的产物，且每个因素的性质都需要从其各自结果来反推得出，那么当我们在推测最初那个结果时，就会有很大概率犯错。如果就像我们现在遇到的情况这样，这个待定的结果还包括许多构造与分布现象，这些现象我们又不能尽知，那出错的概率就更大了。因此，上面的这些讨论，还不足以构建螯虾原因论的完备理论，只被当作为构建这一理论而进行的论证的展示。必须承认，其尚未涵盖所有已明确的积极事实，而且这些讨论也需要补充，以便为各种消极事实提供合理的解释。

比较难以解释的积极事实有，为什么阿穆尔—日本螯虾和美国东部螯虾属之间的相似性要高于后者与美国西部正螯虾属？还有为什么美国西部正螯虾属和里海黑海螯虾的相似性，要高于这两者任一个和阿穆尔—日本螯虾的相似性？如果事实是另一种情况，也就是美国西部螯虾和阿穆尔—日本螯虾互换位置的话，这就很容易理解了。那样的话，可以假定原始的正螯虾科物种自己分化为了西部的正螯虾属和东边的螯虾属[42]；后者在美国的河流中逆流而上，前者则在亚洲河流中如此。就目前事实而言，如果我们不诉诸阿穆尔河和北美河流河口间曾有更直接连通的假设，就很难得出任何说得通的解释，而且这个假设目前还没有确凿的证据可以证明。

仍有待解释的最重要负面事实是，在大部分大陆和许多岛屿的河流中都没有螯虾。气候条件的差异显然并不足以解释：为何在牙买加没有螯虾，而在古巴却有；为什么在莫桑比克、约翰纳岛和毛里求斯没有螯虾，而在马达加斯加却有；为什么尼罗河里没有螯虾，而在危地马拉却有。

目前，对于为什么全世界有那么多地区理论上应存在螯虾，但事实上却没有的问题，我承认自己还没找到一个完满的解释，只能指出可以寻求解释的大致方向。

第一种可能是，在原始的正螯虾和拟螯虾物种开始占据各处河流的时候，存在某种阻碍螯虾扩散的物理屏障，但这些屏障目前已不复存在了；第二种可能是螯虾可进入的许多河流区域已经被更有力的竞争者所占据了。

如果正螯虾科的祖先仅仅起源于那些生存于第三纪大陆以北海洋的原始螯虾，那么它们如今在旧大陆的南方分布界限，以及它们在北美河流流域分布为何最南只到危地马拉的问题就很容易理解了。因为在中新世，欧亚高原开始隆起，当时巴拿马地峡被海洋隔断。

至于南半球，螯虾在毛里求斯和印度洋诸岛不见踪迹，却在马达加斯加存在的原因可能是，前面这些岛屿是较晚期才由火山喷发形成，而马达加斯加则是一片古大陆的残迹，岛上最古老的地方动物种群很可能是从第三纪初期的直系祖先繁衍而来的。如果假设螯虾甲壳类动物在这个时期居于南半球，后来作为海洋生物灭绝了，那么其后代残存于澳大利亚、新西兰以及南美较古老地区的淡水中就不难理解了。非洲为什么没有螯虾，这依旧是个难题[43]。对此，我们只能说，这个问题的性质就和我们把南非动物种群和马达加斯加的相对比时遇到的难题一样。马达加斯加的动物种群要比南非的更古老。这可能是因为南非地区目前地理形态的形成要比马达加斯加晚得多。

至于我们要考虑的第二点，需指出在全球温带区，螯虾是除脊椎动物以外体型最大、最强壮有力的淡水动物，青蛙之类的动物很容易沦为螯虾的猎物，甚至连鱼类、水栖爬行类和小型水栖哺乳类都会视其为令人生畏的天敌和竞争者。在更温暖的气候条件下，竞争淡水中霸主地位的不仅有之前提到的大型长臂虾，还有匙指虾和河蟹（*Thelphusa*）。因此很可能在某些情况下，这场竞争对螯虾而言是生死攸关的。后者要么可能被驱离已占据的水域，就像长臂螯虾在俄国的河流中驱逐了贵族螯虾一样，要么就是根本无法进入那些已经被竞争对手占据的河流。

和这一推测相关的显著事实是，被河蟹所占据的区域与螯虾被排除在外或数量稀少的区域几乎是重合的。也就是说，它们生存于南、北美洲东部较炎热的地区，西印度群岛、非洲、马达加斯加、意大利南部、土耳其和希腊、印度斯坦、缅甸、中国、日本和三明治群岛。在美洲东西海岸、非洲、南亚、摩鹿加群岛和菲律宾群岛的相同区域也分布有大螯的河虾；而且匙指虾不仅分布于上述区域，还向北覆盖了日本、波利尼西亚乃至三明治群岛；向南直至新西兰，而且地中海两岸也有其踪迹；在阿德尔斯堡洞穴中发现的盲匙指虾种（*Troglocaris Schmidtii*），与肯塔基州洞穴中发现的盲螯虾遥相呼应。

在前几页中初步提出的螯虾起源假说，包含一个设想前提，即在中第三纪地层沉积期间，当大陆开始呈现其当前形状时，正螯虾类的海洋甲壳动物就已经存在了。这一设想应该毋庸置疑，因为在中生代岩层中还有大量的这种类型的甲壳类动物的遗骸。这些化石遗骸证明了可能作为螯虾祖先的古甲壳类在特定地质时期已经存在了，这个时期陆地和海洋的构造使它们有机会进入到如今所分布的区域。

截至目前，我们所收集到的材料还太过匮乏，不足以追溯螯虾演化谱系的所有细节。尽管如此，现存的证据就其本身而言是明白无误的，并且完全与进化论学说相符。

我们曾提到过螯虾和龙虾，更确切说是正螯虾科（*Astacina*）和螯龙虾科（*Homarina*）两类动物间较近的亲缘性。碰巧的是，这两类的外骨骼特征在所有保存完好的化石中都能很容易分辨出和其他所有有眼柄甲壳类的明显区别，具有这些特征的化石被统一归为虾形科（*Astacomorpha*）。总之，就和螯虾一样，这类动物都有大螯钳，后面是两对末端带钳爪的步足，再后面是两对末端单爪的步足。其腹部最后一对附属器的外肢由一道缝线分成两部分。腹部第二体节的侧板比后面体节的大得多，并且覆盖了第一体节那块很小的侧板。任何呈现出所有这些特征的化石甲壳类，都被归于虾形科下。

正螯虾科和螯龙虾科的区别在于，胸部末段体节是否可活动，以及腹部第一、第二对附属器（如有）的特征差异；或者这两对附属器是否存在这几点。但要在化石形态中辨认出这些特征很难，就我所知，还没有任何虾形科化石可以确定属于这两个科中之一的。因此可能很难说清给定的物种形态属于哪个分类，除非其和已知类型如此相似和接近，方能打消人们的疑虑。

就目前而言，含化石岩层分别来自以下年代的地层[44]：①全新世[45]和第四纪[46]；②晚第三纪（上新世和中新世）；

③ 早第三纪（始新世）；④ 白垩纪（含白垩层、绿砂岩层和重黏土层）；⑤ 韦尔登群陆相层[47]；⑥ 侏罗纪[48]（波倍克层至底鲕状岩层）；⑦ 里阿斯统[49]；⑧ 三叠纪[50]；⑨ 二叠纪[51]；⑩ 石炭纪[52]；⑪ 泥盆纪[53]；⑫ 志留纪[54]；⑬ 寒武纪[55]。

目前已知十足有眼柄甲壳类中最古老的成员就是石炭纪层中的虾形科生物。其为炭长臂虾属（*Anthrapalaemon*）生物，是一种体型较小，外形奇特的甲壳类。我们对其无须讨论太多，因为它并不呈现虾形科的典型特征。但在较晚的地层中，直至三叠系顶部有眼柄甲壳类的化石都很罕见，只有三叠纪的泡虾属（*Pemphix*）是个例外，目前这一地层中无已知的虾形科动物。我研究过的泡虾标本并不完整，也无法对其发表什么意见。

不过，到了早侏罗世中期的里阿斯统岩层，情况就有所改变了。事实上这一地层中发现了古螯虾属（*Eryma*）（图 6–5）中的多个种，其也出现于侏罗系顶部的上覆层中，且种类繁多，目前已辨认出近 40 个不同的种。就目前所见，古螯虾从各方面来看都应该属于虾形科。它和现有各个属的区别基本就和这些现存属彼此之间的区别差不多。因此我们可以确定早在中生代较早期，虾形科的甲壳类就已经存在了。如果我们考虑一个事实——即在里阿斯统岩层中部，除了古螯虾，还有许多与现存的对虾属物种几乎一样的虾类甲壳动物在海洋中十分繁盛，并在古代海底的泥层中留下了大量遗骸——那么就会立即打消是否要承认把这一单一持续存在的物种归为螯虾的疑虑。

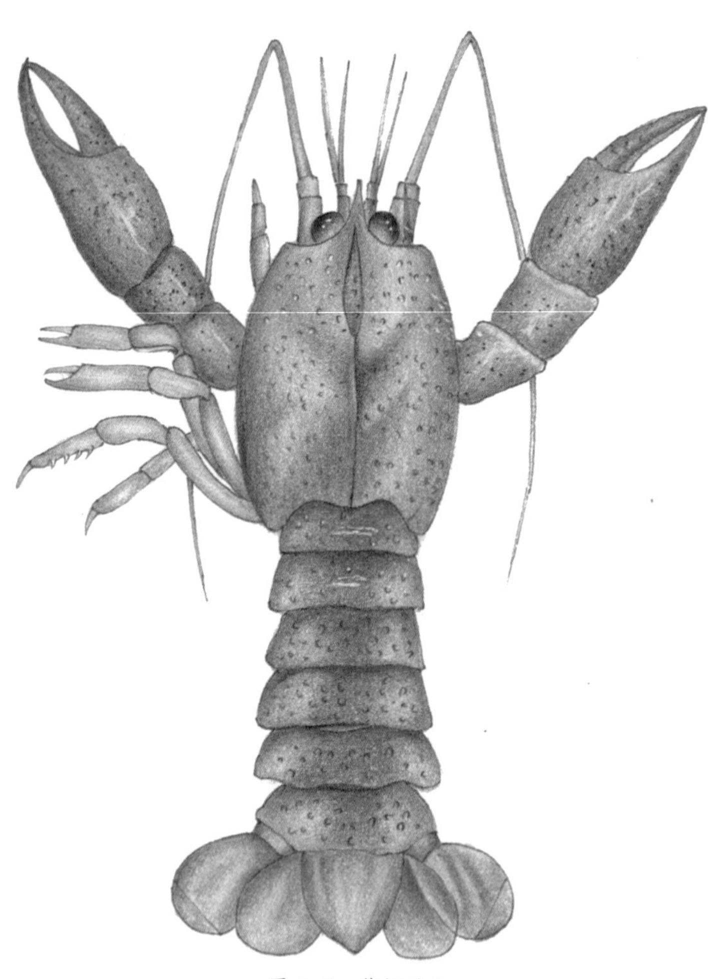

图 6-5 螯虾对比

中型古螯虾（*Eryma modestiformis*）。

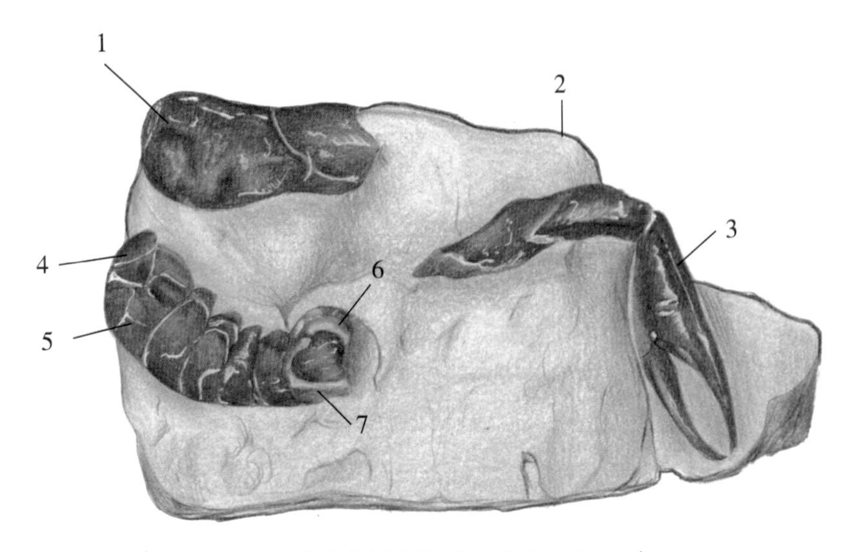

图 6–6 长古剑虾（*Hoploparla longimana*）

1. 头胸甲；2. 额剑；3. 螯足；4、5. 第一、二腹部体节；6. 腹部最末对附属器；7. 尾节。

古螯虾是目前在从里阿斯统岩层中部到板岩层的地层中唯一可归为虾形科的甲壳类。其最晚出现于侏罗系岩层的上部。在韦尔登群的淡水岩层中尚未发现虾形科生物，虽然只是一个不怎么有分量的消极事实，但目前也能证明虾形科并未适应淡水条件。不过，在白垩纪的海洋沉积层中，有丰富的虾形科物种，可归为剑虾属（*Hoploparia*）和装甲虾属（*Enoploclytia*）。

从广义的形态学观点来看，这两个属之间的差异，以及这两个属和古螯虾属之间的差异，都是微不足道的。在我看来，这些差异还不如现存螯虾各属之间的差异重要。

剑虾属是从伦敦的黏土层中找到的。因此，其已经越过了中生代的分界，进入了第三纪早期。不过，如果我们把这个属与现存的螯龙虾属或海螯虾属相比较，就会发现其部分与前者相似，部分又与后者相似。因此，如果普通龙虾和挪威龙虾都是栖息于早侏罗纪时期海洋中的古螯虾类甲壳动物的后代，那么就必然存在从早侏罗纪延续到现代的彼此连贯的一系列实际物种形态。

和古螯虾同在板岩层中的还有假螯虾属（*Pseudastacus*）的物种（图 6-7），正如其名称所暗示的，这个属与现存螯虾极为相似。事实上，其与现存物种之间就没有什么重要的差异（但我们对于其雄性螯虾腹部附属器并不了解）。另一方面，其部分特征，比如头胸甲的构造，和古螯虾的差异，就像现有螯虾和海螯虾属的差异一样明显。因此，在晚侏罗世，螯虾和螯龙虾之间已有所区分，尽管当时这两者都生活在海洋中。既然早在早侏罗世中期古螯虾属就已存在，那么很可能假螯虾属也可以回溯到同一时期，在三叠系岩层中也可找到普通原螯虾物种。在黎巴嫩的海相白垩系岩石中发现了假螯虾属物种，但尚未在第三系地层中找到。

我倾向于认为相比拟螯虾属，假螯虾属和黑螯虾之类更具形态可比性，因为我怀疑拟螯虾属从来不存在于北纬地区。

在威斯特伐利亚的白垩层中（也是海洋沉积层）发现了虾形科的另一个单一标本。其引发了人们的特殊兴趣。因为这是一只真螯虾（冯・德马克和施吕特尔发现），其拥有大多数正螯虾科物种所独有的横向划分的尾节。

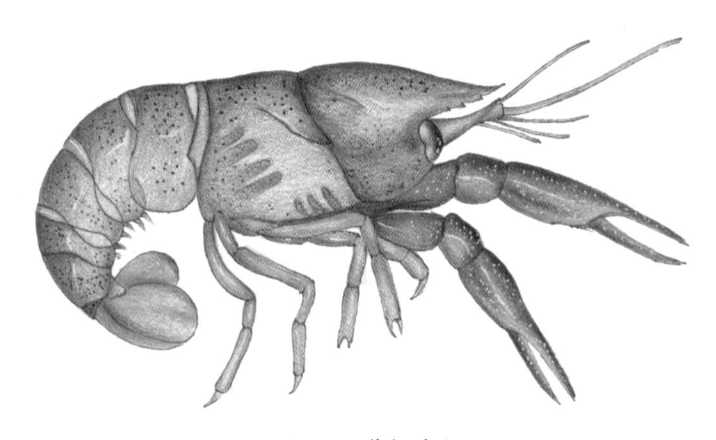

图 6-7　螯虾对比

瘤假螯虾（*Pseudastacus pustulosus*）。

如果某种存在于三叠纪或更早时代的虾形甲壳类具备介于古螯虾科和假螯虾科之间的特征，如果这类动物还具备正螯虾和螯龙虾的特征，并最终分化为现存的正螯虾科和螯龙虾科，那么其在这一进化过程中留下的化石形态就会和实际情况非常接近。直至中生代末期，我们目前所知的正螯虾科均为海洋生物。我们已经看到，螯虾分布的实际情况表明必须做如此假设，至少目前只能如此假设。

因此，关于螯虾的原因论，所有已知事实都与目前假设的预设相吻合。这一假设认为螯虾是在中生代及以后的地质历史进程中，从原始的虾形类物种逐步进化而来的。

我们也不妨想想，如果我们不认同上述假设，唯一的替代性设想就是螯虾这种为数众多，既有先后出现，也有同时共存的微不足道的小动物，其不同种之间的差异需要仔细研究方能辨认出来，而它们竟然是各自独立分别凭空创造出来，然后再被某种不知名力量放置到我们如今发现的各个地区，这实在是匪夷所思的想法。这就是我们目前所面临困境的真正本质所在，不管用怎样华丽的辞藻加以掩盖这一争议问题，也难以改变这一事实分毫。而且这种困境并不仅仅体现在螯虾身上，也体现在每种动物和植物身上，从万物之灵的人类到卑微渺小的微生物，从枝叶繁茂的山毛榉、高耸入云的松树，再到用显微镜穷极放大方现其踪迹的微球菌，无不如此。

---

[1] 作者原注：见 Moore. *Magazine of Natural History*. New Series, III., 1839.

[2] 作者原注：见 Thompson. *Annals and Magazine of Natural History*, XI., 1843.

[3] 作者原注：见 "*Histoire Naturelle des Crustacés*."

[4] 作者原注：见 Carbonnier. "*L'crevisse*," p. 8.

[5] 施兰克（Franz von Paula Schrank），德国植物学家与昆虫学家。

[6] 即上文所指"石螯虾"，通用中文学名为"巨石螯虾"，按拉丁学名直译为"激流螯虾"，下文统称为巨石螯虾。

[7] 格斯坦菲尔特（Gerstfeldtr G.），19 世纪德国动物学家，以研究水栖甲壳类和软体类而知名。

[8] 作者原注：见 Ueber die Flusskrebse Europas. "*Mém. de l'Acad. de St. Petersburg*"，1859.

[9] 作者原注：根据严谨动物学用法，如果假设巨石螯虾和贵族螯虾是变种，那两者的学名应写为 *Astacus fluviatilis (var. torrentium)* 和 *Astacus fluviatilis (var. nobilis)*；而如果假设它们是不同的种，则写成 *Astacus torrentium* 和 *Astacus fluviatilis*。但我既不想给种名问题预设答案，又不想用过于冗长的名字，所以我选择了第三种方式。

[10] 卡尔波尼埃（Pierre Carbonnier），法国科学家、鱼雷学家和渔业养殖者。
[11] 作者原注：见 Bell. “*British Stalk-eyed Crustacea*”，第 237 页
[12] 作者原注：关于螯虾在西班牙的发现相关陈述已发布。
[13] 作者原注：见 “*Die Crustaceen des Südlichen Europas*，” 1863.
[14] 作者原注：这些陈述基于凯斯勒，格斯坦菲尔特在其各自研究报告中所述内容而来。
[15] 作者原注：凯斯勒在这个问题上进行了有趣的探讨（Die Russischen Flusskrebse，l. c. p. 369–70）。
[16] 作者原注：不过，如果就此假设这些区域不存在螯虾，那就太过武断了，尤其是奥克苏斯河流域，这条河流曾经是流入到里海的。
[17] 作者原注：东北螯虾（A. dauricus）和史氏螯虾（A. Schrenckii）。
[18] 作者原注：尽管在开普殖民地有种叫作 *Astacus capensis* 的物种，但它肯定不是螯虾。
[19] 作者原注：哈根博士在其论著“*Monograph of the North American Astacidæ*”中列举了6个种：*Astacus Gambelii*，*Astacus klamathensis*，*Astacus leenisculus*、*Astacus nigrescens*、*Astacus oreganus*，*Astacus Trowbridgii*。
[20] 作者原注：见 Von Martens. Cambarus cubensis（古巴螯虾）. Archiv. f ü r Naturgeschichte，xxxviii.]，不过就目前所知，其他西印度群岛[西印度群岛（West Indian islands），北美洲岛群，位于墨西哥湾、加勒比海与大西洋之间。
[21] 作者原注：见 Südbrasilische S ü ss–und Brackwasser Crustaceen，nach den Sammlungen des Dr. Reinh. Hensel. Archiv. f ü r Naturgeschichte，XXXV. 1869.
[22] 作者原注：对澳大利亚螯虾的命名，需要彻底修改一番。因此我暂时没有给这种螯虾起学名。其可能和德纳所取的贵族螯虾（*Astacus nobilis*）或马汀博士所取的棘刺螯虾（*Astacus armatus*）的命名法类似。
[23] 作者原注：凯斯勒，见上述引文。
[24] 德哈恩（Wilhem de Haan），19 世纪荷兰动物学家，专注于研究昆虫和甲壳类。
[25] 作者原注：根据甘瑟博士所说，它们的南侧范围均止于亚洲高原。不过在旧大陆和新大陆流入北冰洋的河流中均盛产此类，而且虽然落基

山脉以西的种不同于美国东部的种，但亚洲海岸和北太平洋的美国海岸都有共同的物种。

[26] 甘瑟（Albert Günther），德裔英国动物学家，鱼雷学家和爬虫学家。

[27] 第三纪（tertiary），地质年代，新生代最古老的纪，分为分为早第三纪（始新世，距今 6 500 万年—2 330 万年）和晚第三纪（中新世和上新世，距今 2 330 万年—164 万年）。

[28] 科普（Edward Drinker Cope），美国比较解剖学家和古生物学家。

[29] 作者原注：见 On three extinct Astaci from the freshwater Tertiary of Idaho. *Proceedings of the American Philosophical Society*，1869–1870.

[30] 施吕特尔（August Joseph Schl ü ter），德国生物学家、植物学家、古生物学家和地质学家

[31] 作者原注：见 Neue Fische und Krebse aus der Kreide von Westphalen. Palæontographica, Bd. XV., p. 302; tab. XLIV., 图 4 和 5

[32] 早白垩世，是白垩纪（cretaceous）的两个分期之一，为距今 1.45 亿年—1 亿年左右时期。

[33] 赛多利斯·冯·瓦尔特斯豪森（Wolfgang Sartorius Freiherr von Waltershausen），19 世纪德国地质学家。

[34] 作者原注：见 "*Untersuchungen ueber die Klimate der Gegenwart und der Vorwelt.*" Natuurkundige Verhandelingen van de Hollandsche Maatschappij der Wetenschappen te Haarlem，1865.

[35] 白垩纪（Cretaceous），地质年代中生代的最后一个纪，从距今 1.45 亿年开始，到距今 6600 万年结束。

[36] 上新世（pliocene），是地质时代中第三纪的最新的一个世，从距今 530 万年开始，到距今 258.8 万年结束。

[37] 作者原注：参见这一有趣话题：Martens， "On the occurrence of marine animal forms in fresh water." Annals of Natural History，1858: Lovèn. "Ueber einige im Wetter und Wener See gefundene Crustaceen." Halle Zeitschrift für die Gesammten Wissenschaften，xix.，1862: G. O. Sars， "Histoire

[38] 作者原注：见 Heller，"Die Crustaceen des südlichen Europas，" 第 259 页 . Klunzinger，"Ueber eine Süsswasser-crustacee im Nil，" with the notes by von Martens and von Siebold: Zeitschrift für Wissenschaftliche Zoologie，1866.

[39] 作者原注：这种情况实际上已经在河生长臂虾的大范围伴生物种匙指虾属（*Atya*）和米虾属（*Caridina*）

[40] 中新世（Miocene），为地质年代新近纪的第一个时期，从距今2 300万年—533万年前。我还不知道这些属的物种中有真正海生的。

[41] 中生代（Mesozoic），地质时代之一，可分为三叠纪、侏罗纪和白垩纪3个纪。

[42] 作者原注：就像现在盖鳃水虱科有一个美洲种，在北冰洋还有一个亚洲种一样。

[43] 作者原注：但必须记住，对于南非的内陆大湖及河流水系中动物种群，我们还需要多加了解。

[44] 根据地质年代命名，地质岩层的时间表述单位和地层表述单位不同，如白垩纪形成的岩层称为白垩系，早白垩世形成的岩层称下白垩统，之后不再一一赘述。

[45] 全新世（Recent），最年轻的地质年代，从距今1.17万年前开始持续至今。

[46] 第四纪（Quaternary），新生代最新的一个纪，包括更新世和全新世。

[47] 韦尔登群（Wealden Group），位于白垩地层下部的陆相岩层，因发现于英国韦尔登地区而得名。

[48] 侏罗纪（Jurassic），地质年代，中生代的第二个纪，在白垩纪和三叠纪之间，从距今2亿年—1.45亿年。

[49] 里阿斯统（Liassic），为侏罗纪地层中的一部分，又称为下侏罗统。

[50] 三叠纪（Triassic），地质年代，中生代的第一个纪，在二叠纪和侏罗纪之间，从距今2.5亿年—2亿年左右。

[51] 二叠纪（Permian），地质年代，古生代的最后一个纪，从距今2.99亿年—2.5亿年。

[52] 石炭纪（Carboniferous），地质年代，古生代的第五个纪，从距今3.55亿年—2.99亿年。

[53] 泥盆纪（Devonian），地质年代，古生代的第四个纪，从距今4.05亿年前—3.5亿年。

[54] 志留纪（Silurian），地质年代，古生代的第三个纪，从距今4.4亿年—4.1亿年。

[55] 寒武纪（Cambrian），地质年代，古生代的第一个纪，从距今5.42亿年—4.85亿年。